蛋糕技法

U0276148

孙杰 编著

浙江科学技术出版社

PREFACE
前 言

　　随着社会的发展、人们生活质量的提高，面包、蛋糕等西点以其便捷、营养、美味、时尚的特点被越来越多的人所接受，逐步向主食化发展。各种不同风格、不同口味的蛋糕适应了人们在日常饮食方面追求方便和快捷的需要。因此，消费者对烘焙食品的需求也逐渐呈现出高品位、高质量的特点，由此对烘焙行业的设备、技法等方面有了一些标准和要求。

　　为了满足专业烘焙者职业技能学习的需要，我们编撰了本套丛书，包括《烘焙技法》、《点心技法》、《蛋糕技法》、《面包技法》四册，每册书都全面系统地讲述了相关内容的基础技法要领和案例的操作方法，并配有精美的图片。

　　本书将蛋糕分为重油蛋糕、海绵蛋糕、慕斯蛋糕、戚风蛋糕、巧克力蛋糕和其他蛋糕六大类，精选139款蛋糕品种，每款蛋糕都有详细的原料和制作步骤说明，并附有制作步骤图。本书从制作蛋糕的基础知识出发，介绍了烘焙过程中的基础技法，以技法实例为参照，介绍了烘焙过程中所需要的工具和原料，对蛋糕的定义、烘烤技法、注意事项等均作了详细介绍。

　　本书图文并茂，读者只要按照步骤图操作，就能掌握蛋糕的制作要领，这是一本专业烘焙者及家庭厨艺爱好者的实用工具书。本书在编撰过程中难免存在一些需要进一步完善的地方，敬请各位读者指正，以便再版时改进。

编者

蛋糕技法

目 录
CONTENTS

Part 1

蛋糕制作基础知识

DANGAO ZHIZUO JICHU ZHISHI

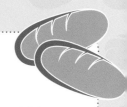

蛋糕的定义

　　蛋糕是一种古老的西点，通常是甜的，一般是以烘烤的方式制作出来的。它是以面粉、甜味剂（通常是蔗糖）、黏合剂（一般是鸡蛋，素食者可用面筋和淀粉代替）为主要原料，以酥油（一般是黄油或人造黄油，低脂肪含量的蛋糕会以浓缩果汁代替），液体（牛奶，水或果汁），香精和发酵剂（酵母或者发酵粉）为辅料，经过搅拌、调制、烘烤后制成的一种似海绵的点心。

蛋糕的种类

　　蛋糕的种类有很多，根据原料和做法的不同，比较常见的可以分为以下几类：海绵蛋糕、戚风蛋糕、重油蛋糕、慕斯蛋糕等。

海绵蛋糕（Sponge Cake）

　　海绵蛋糕是一种乳沫类蛋糕，构成的主体是由鸡蛋、糖搅打出来的泡沫和面粉结合而成的网状结构。因为其内部组织有很多圆洞，类似海绵，所以称之为海绵蛋糕。海绵蛋糕又分为全蛋海绵蛋糕和分蛋海绵蛋糕，这是按照制作方法的不同来区分的：全蛋海绵蛋糕是全蛋打发后加入面粉制作而成的；分蛋海绵蛋糕是把蛋白和蛋黄分开后分别打发，再与面粉混合制作而成的。

戚风蛋糕（Chiffon Cake）

　　戚风蛋糕是一种比较常见的基础蛋糕，也是现在很受西点烘焙爱好者喜欢的一种蛋糕，如生日蛋糕一般就是用戚风蛋糕来做底，所以它是一种比较基础的蛋糕。戚风蛋糕的做法很像分蛋海绵蛋糕，其不同之处就是原料的比例，新手还可以加入发粉和塔塔粉，使蛋糕的组织非常松软。

重油蛋糕（Pound Cake）

　　重油蛋糕也称为磅蛋糕，是用大量的黄油经过搅打再加入鸡蛋和面粉制成的一种面糊类蛋糕。它不像上述几种蛋糕一样通过打发的蛋液来增加蛋糕组织的松软度，所以重油蛋糕在口感上会比上面几类蛋糕来得紧实一些。因为制作中加入了大量的黄油，所以其口味非常香醇。如果想要减轻蛋糕的油腻味，比较常见的做法是在面糊中加入一些水果或果脯。

慕斯蛋糕（Mousse Cake）

　　慕斯的英文是mousse，是一种奶冻式的甜点，可以直接吃或做蛋糕夹层。慕斯蛋糕最早出现在美食之都法国巴黎。最初将慕斯加至奶油中起稳定作用，它是改善蛋糕结构、口感和风味的辅料，使成品外形、色泽、结构、口味变化丰富，更加自然纯正，冷冻后食用其味无穷，成为蛋糕中的极品。

工具介绍

1.量杯：一个量杯的容量是200毫升，计量时的基本动作是将容器盛满后刮平。

2.筛粉器：有两层网格，可以将面粉筛得很细。

3.打蛋器：以握柄牢固、适合自己手持者为佳。

4.电动搅拌器：可轻松地在短时间内使鸡蛋、奶油等膨胀起泡。

5.橡皮刀：以握柄牢固且橡皮部分有弹性者为佳。切记不要用热水烫洗，否则会导致橡皮刀变形。

6.擀面棍：以长、直者为佳。使用时，先在案板和擀面棍上撒些面粉，这样不容易粘上面团。

7.抹刀：用来涂抹奶油或调整形状。

8.面团刮刀：可将面团做成面包状或是将面团切成几小块，薄刀片很容易将面团从案板上铲起。

9.锯齿刮板：对于新手来说，是件理想的工具，使用该工具可以在蛋糕顶部增加有趣的装饰。

10.锯齿刀以及其他刀具：可用来切蛋糕、奶酪等，锯齿刀用于切质地较脆、较硬的蛋糕和慕斯，在切之前将刀预热可避免粘刀。

11.擦丝器：可以把水果等擦成丝，也可以擦成片和擦成条。

12.滚轮刀：一般在切派皮或面皮时使用，切出的形状有直线和波浪线两种。

13.挖球器：可用来挖水果或冰淇淋等，挖出大小不同的圆球，用之前可先沾点水。

14.模具：可制作四棱锥形的蛋糕、慕斯等。

15.小滤网：过筛少量的粉或最后用来过筛糖粉。

16.烤盘：把做好的面团、蛋糊等放在烤盘上，直接放入烤箱，也可垫上烤盘垫纸，这样不仅不容易烤焦，成品也比较容易取出。

17.冷却铁架：用来使烤好的蛋糕或饼干等冷却，附有铁架脚，可使底部通风，让甜点均匀地散热冷却。

18.15厘米脱底圆模：6寸，做蛋糕、塔、馅饼等时常会用到。

19.20厘米脱底圆模：8寸，做蛋糕、塔、馅饼等时常会用到。

20.8寸固底圆模：做巧克力焦糖布丁、免烤奶酪蛋糕和反转蛋糕等时，需要用固底的模具。

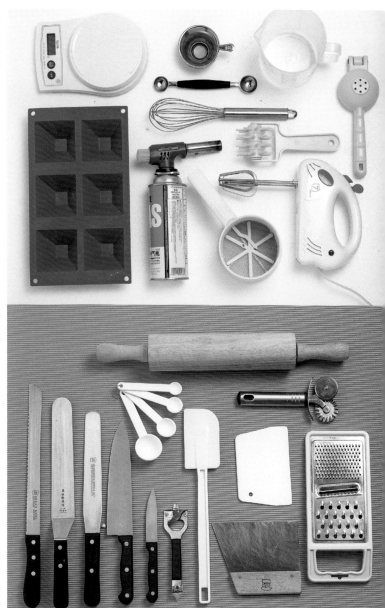

原料介绍

1.面粉：分为高筋、中筋、低筋、全麦面粉等，蛋糕制作以低筋面粉居多。还有一种粉心面粉，所含蛋白质在10.5%以上。面粉使用前必须过筛。

2.动物油脂：有黄油、猪油、奶油、鱼油等，多含饱和脂肪酸，可使制品达到酥松的效果。

3.植物油脂：有黄豆油、棉子油、棕榈油、玉米油、椰子油等，植物油多属流质。

4.白糖：依颗粒之大小，分为粗白糖、细砂糖，通常用细砂糖较多，而粗白糖则用于面包或小西饼的表层装饰。

5.糖粉：呈洁白的粉末状，糖颗粒非常细，有3%～10%的淀粉填充物，有防潮及防止糖粒结块的作用。糖粉可筛在西点成品上作表面装饰。

6.鸡蛋：含有丰富的维生素B12、蛋白质、矿物质。烘焙时，蛋白在搅动过程中会形成气室，遇热会出现膨胀，增大体积。蛋黄中含有磷脂，它是一种优良乳化剂，能使烘焙后的蛋糕柔软细致。

7.洋酒：能增添甜点的风味，使之更加可口。但若使用过量，则会使甜点走味。朗姆酒是由甘蔗汁蒸馏而成的，酒精浓度高，无论怎么加热也不会影响其香味。

8.果脯：将水果干燥后制作而成，由于水分除去后，甜味浓缩，所以可以长期保存。

9.奶酪：可以使甜点带有一股微酸的特殊风味。制作奶酪蛋糕时，奶油奶酪是使蛋糕滑溜爽口的唯一法宝。

10.坚果：可混合在面团中或拿来装饰糕点表面，能增强蛋糕的口感及香味，除完整的颗粒外，也可切细或磨成粉末来使用。

11.可可粉、巧克力：与面团混合使用或拿来作最后装饰，可以增加蛋糕的风味及香醇度。若使用巧克力，需先将其切碎装入容器中，再隔热水间接加热至融化。

Part 2
蛋糕制作基础技法
DANGAO ZHIZUO JICHU JIFA

蛋糕制作的八大打法

一、戚风打法

即分蛋打法，蛋白加糖打发成的蛋白霜与蛋黄加其他液态原料及粉类原料拌匀成的面糊拌合。

二、海绵打法

即全蛋打法，蛋白和蛋黄加糖一起搅拌至浓稠状，呈乳白色且勾起乳沫后约 2 秒才滴下，再加入其他液态原料及粉类原料拌合。

三、法式海绵打法

即蛋白和蛋黄各加 1/2 糖打发至呈乳白色，将它们拌合后再加入其他粉类原料及液态原料拌合。

四、天使蛋糕法

蛋白加塔塔粉搅打起泡后分次加入 1/2 糖搅拌至湿性发泡（不可搅至干性），再加入过筛后的面粉与 1/2 糖，拌合至吸收。

五、糖油拌合法

将油类打软后加糖或糖粉搅拌至呈松软绒毛状，再加入蛋液拌匀，最后加入粉类原料拌合。如饼干类、重奶油蛋糕。

六、粉油拌合法

将油类打软后加面粉搅打至膨松，再加糖打发至呈绒毛状，最后加蛋液搅拌至光滑，适用于油量 60％以上的配方。如水果蛋糕。

七、湿性发泡

蛋白或鲜奶油搅打起泡后加糖搅拌至有纹路且雪白光滑，勾起时有弹性挺立而尾端稍弯曲的尖角。

八、干性发泡

蛋白或鲜奶油搅打起泡后加糖搅拌至纹路明显且雪白光滑，勾起时有弹性而尾端挺直的尖角。

蛋糕体的形成

蛋糕体的构成原理是利用了鸡蛋的特性。蛋液在搅拌过程中产生的气泡非常丰富，这是由鸡蛋的蛋白胶质纤维将空气包裹而形成的，经过搅拌的蛋液会慢慢形成泡沫蛋糊。

在搅拌蛋液过程中，蛋白胶质扩张到一定程度后若继续搅拌，泡沫就会破裂。只有在蛋液中加入一定比例的糖才能使这种情况得到改善，因为糖在溶解时与蛋液充分混合，可达到增强蛋白胶质延伸性的效果，使之不易老化。

将蛋液搅拌到一定程度后，加入面粉，然后充分搅拌至面粉吸透蛋液而成为蛋糊，接着将蛋糊装入模具或烤盘中，放入烤炉加热烘烤。蛋糊在加热过程中，随着温度的上升，其所含的泡沫会膨胀破裂，同时面粉在温度升高时，也会出现糊化现象，从而形成海绵状的蛋糕体。

蛋糕制作的基本流程

蛋糕制作的基本工艺流程为：原料处理→面糊调混→成形→烘烤→冷却→再加工、饰花→包装。其中面糊调混和烘烤是关键工序。

调混	烘烤
不同种类的产品、不同的配料比例，其投料的次序和配混的方法、搅打的速度和时间都不同。总的要求是各种配料成分分散均匀，力求向面糊中搅入较多的空气，并尽量限制面筋的溶胀，以保证产品组织疏松，质地柔软。传统的方法是先将油和糖搅打起泡，然后加入蛋、乳和面粉；或者先将油和面粉搅打起泡，然后加入糖、盐、乳和水，最后加入蛋搅打。	蛋、糖、奶等配料比重大的，烘烤温度要低些。体积大、水分含量高的面坯，烘烤时间要长些。 随着高效的乳化剂、水分散性粉末油脂、速溶乳粉、速溶蛋粉、能控制产气时间的化学发面剂等辅料的出现，国际市场上出现了一类叫"预混合蛋糕粉"的商品，使用时只要在这种粉料中加入一定量的水或鲜蛋液，稍加混合搅打，入炉经短时烘烤即可得到成品。

蛋糕制作的注意事项

(1) 制作海绵蛋糕多选用低筋面粉，制作油脂蛋糕则多选用中筋面粉，这是因为油脂蛋糕的结构比海绵蛋糕的松散。

(2) 在对蛋液进行搅打时，宜高速而不宜低速搅打。

(3) 制作蛋糕坯的糖浆，用 1000 克白糖加 500g 克水，煮沸，冷却即成。

(4) 在烘烤蛋糕之前，烤箱必须进行预热。

(5) 用蛋糕圈制作蛋糕时，只需在圈底垫上一张白纸替代涂油，做出来的蛋糕边上无色且底层颜色较浅淡。

(6) 一般来说，蛋糕烘烤的时间越长，需要的温度就越低；反之，时间越短，需要的温度则越高。

(7) 蛋糕要趁热覆在蛋糕板上，这样可以使蛋糕所含的水分不会过多地挥发，以保持蛋糕的湿度。

Part 3
蛋糕制作技法实例应用

DANGAO ZHIZUO JIFA SHILI YINGYONG

海绵蛋糕
Sponge Cake

玫瑰蛋糕

清水200毫升，食用油150克，玫瑰糖90克，低筋面粉250克，淀粉50克，蛋黄180克，蛋白400克，砂糖200克，塔塔粉5克，食盐3克，果酱适量。

制作步骤

1. 将清水、食用油、玫瑰糖混合拌匀。

2. 加入低筋面粉、淀粉搅拌至无粉粒状。

3. 再加入蛋黄搅拌。

4. 搅拌成完全顺滑、均匀的面糊，备用。

5. 将蛋白、砂糖、塔塔粉、食盐混合搅拌。

6. 搅打至硬性发泡，呈鸡尾状。

7. 分次与面糊混合拌匀。

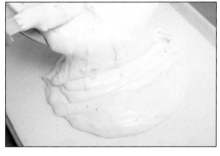

8. 将充分拌好的面糊倒入已垫纸的烤盘内。

9. 表面用刮板抹平，入炉烘烤。

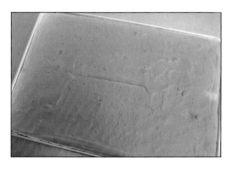

10. 以上火 180℃、下火 130℃烘烤，熟后出炉。

11. 待冷却后分切成等份的两小块。

12. 在每块的上表面抹上果酱。

13. 用酥棍辅助卷起，呈卷状，然后稍静置定形。

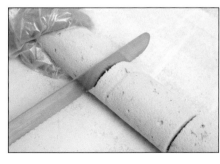

14. 成形后分切成小件蛋糕卷即可。

卡斯蛋糕

原料

清水150毫升，食用油100克，砂糖250克，低筋面粉180克，淀粉80克，奶香粉2克，蛋黄200克，蛋白380克，食盐3克，卡斯达馅适量。

制作步骤

1. 将清水、食用油、适量砂糖混合，搅拌至砂糖溶化。

2. 加入低筋面粉、淀粉、奶香粉搅拌至无粉粒状。

3. 再加入蛋黄搅拌成顺滑的面糊，备用。

4. 将蛋白、剩余砂糖、食盐混合，以先慢后快的方式搅拌。

5. 搅打成硬性发泡的蛋白霜。

6. 分次与面糊混合拌匀。

7. 倒入已垫纸的烤盘内并抹平。

8. 在上表面挤上卡斯达馅，入炉以上火 180℃、下火 140℃烘烤。

9. 熟透后出炉冷却。

10. 分切成等份的三小块。

11. 在上表面抹上奶油。

12. 将每小块卷起，呈圆筒状，静置成形后分切成小件蛋糕卷即可。

天使奶酪蛋糕

原 料

A：蛋白500克，砂糖260克，食盐4克，塔塔粉2克；B：低筋面粉280克，玉米淀粉50克，奶香粉2克；C：蛋糕油20克；D：椰浆50克，色拉油100克；E：葱花、胡萝卜丁、奶酪丝各适量；F：沙拉酱适量。

 制作步骤

1. 将所有 A 原料混合，搅拌至砂糖溶化。

2. 加入所有 B 原料，搅拌至完全无粉粒状。

3. 加入 C 原料，以先慢后快的方式搅拌，直至完全拌匀。

4. 加入所有 D 原料，边加入边搅拌，直至完全拌匀。

5. 将面糊倒入模具中至八分满。

6. 表面用 E 原料装饰。

7. 再挤上 F 原料沙拉酱，然后入炉。

8. 以上火 200℃、下火 130℃烘烤至熟透，出炉冷却后脱模即可。

咖啡蛋糕

全蛋700克，砂糖300克，蜂蜜50克，低筋面粉320克，泡打粉2克，蛋糕油23克，咖啡粉10克，清水70毫升，鲜奶70毫升，食用油150克，果酱适量。

制作步骤

1. 将全蛋、砂糖、蜂蜜混合，搅拌至砂糖溶化。

2. 加入低筋面粉、泡打粉，搅拌至无粉粒状。

3. 加入蛋糕油，以先慢后快的方式搅拌，拌打至体积为原来的3倍左右。

4. 转中速加入咖啡粉、清水、鲜奶、食用油，边加入边搅拌，直至完全混合。

5. 将拌好的面糊倒入已垫纸的烤盘内。

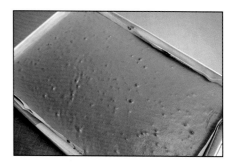

6. 抹平表面，入炉，以上火180℃、下火120℃烘烤至熟透。

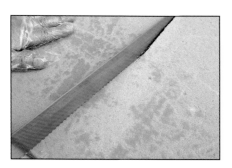

7. 出炉待冷却后分切成等份的两小块。

8. 在每块的上表面抹上果酱。

9. 卷起，呈卷状，静置成形。

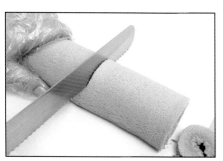

10. 待成形后分切成小件即可。

香蕉蛋糕

18

原 料

香蕉125克，白糖190克，清水125毫升，食用油100克，低筋面粉160克，
奶香粉2克，淀粉60克，蛋黄140克，蛋白300克，塔塔粉4克，食盐2克。

制作步骤

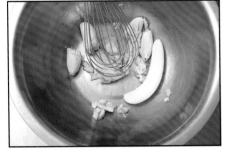

1. 将香蕉、30克白糖混合，将香蕉压烂。

2. 加入清水、食用油搅拌均匀。

3. 加入低筋面粉、奶香粉、淀粉，搅拌至无粉粒状。

4. 加入蛋黄，搅拌至面糊顺滑光亮，备用。

5. 将蛋白、160克白糖、塔塔粉、食盐混合，以先慢后快的方式搅拌。

6. 搅打成硬性鸡尾状蛋白霜。

7. 将拌好的蛋白霜倒入模具中，入炉以上火180℃、下火140℃烘烤至熟透，出炉冷却后脱模即可。

白兰地蛋糕

原 料

全蛋1500克，白糖750克，食盐5克，低筋面粉620克，高筋面粉250克，奶香粉5克，泡打粉5克，蛋糕油70克，鲜奶120毫升，水果罐头糖水120毫升，食用油300克，白兰地80毫升。

制作步骤

1. 将全蛋、白糖、食盐混合，搅拌至白糖溶化。

2. 加入低筋面粉、高筋面粉、奶香粉、泡打粉、蛋糕油，以先慢后快的方式搅拌，搅打至体积为原来的3倍左右。

3. 慢慢地加入鲜奶、水果罐头糖水、食用油、白兰地，边加入边搅拌至完全混合。

4. 将拌好的面糊倒入已垫好纸的特制木烤盘内。

5. 用刮板将表面抹平。

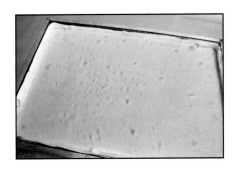

6. 入炉以上火180℃、下火130℃烘烤至熟透后出炉。

7. 待冷却后分切成长条状。

8. 最后分切成小长方体形状即可。

杏香小海绵

原料

蛋白250克，白糖120克，食盐2克，塔塔粉2克，低筋面粉150克，奶粉25克，奶香粉1克，蛋糕油10克，鲜奶30毫升，食用油60克，果酱、杏仁片适量。

制作步骤

1. 将蛋白、白糖、食盐、塔塔粉混合，搅拌至白糖溶化。

2. 加入低筋面粉、奶粉、奶香粉，搅拌至完全无粉粒状。

3. 加入蛋糕油，以先慢后快的方式搅拌，搅打至体积为原来的3.5倍左右。

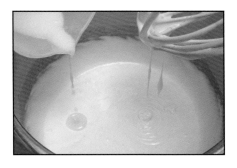

4. 转中速加入鲜奶、食用油，边加入边搅拌，直至完全拌匀。

5. 将面糊倒入模具中至八分满。

6. 在表面挤上果酱。

7. 再用杏仁片装饰，然后入炉。

8. 以上火200℃、下火130℃烘烤至熟透，出炉冷却后脱模即可。

浓情巧克力蛋糕

原料

酥油270克，糖粉160克，食盐 2克，全蛋 330克，低筋面粉70克，高筋面粉50克，淀粉 200克，可可粉60克，泡打粉 4克，鲜奶油 220克，葡萄糖浆25毫升，巧克力200克，瓜子仁碎适量。

制作步骤

1. 将酥油、糖粉、食盐混合，搅拌至呈奶白色。

2. 加入全蛋拌匀。

3. 加入低筋面粉、高筋面粉、淀粉、可可粉、泡打粉搅打至顺滑。

4. 加入已隔水加热溶化的鲜奶油、葡萄糖浆、巧克力混合物，并搅拌均匀。

5. 用裱花袋将面糊挤入耐高温纸杯中至八分满。

6. 表面用瓜子仁碎装饰后入炉，用上火 170℃、下火 140℃烘烤 30 分钟左右即可。

花生酱蛋糕卷

原料

全蛋650克，白糖250克，低筋面粉300克，泡打粉3克，蛋糕油20克，
食用油150克，花生酱、奶油各适量。

制作步骤

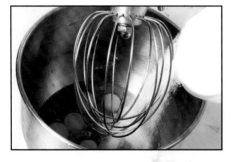

1.将全蛋、白糖混合，搅拌至白糖溶化。

2.加入低筋面粉、泡打粉、蛋糕油，以先慢后快的方式搅拌，搅打至起发。

3.加入80克花生酱，以中速拌匀。

4.再分次加入食用油拌匀成面糊。

5.将面糊倒入已垫纸的烤盘内并抹平，入炉用上火180℃、下火120℃烘烤25分钟左右。

6.出炉晾凉后分切成小块。

7.在上表面抹上花生酱和奶油混合馅料。

8.用纸卷成条状，成形后分切成小件即可。

相思毛巾卷

原 料

清水100毫升，白糖300克，食用油50克，蛋黄300克，低筋面粉250克，
淀粉50克，蛋白500克，塔塔粉10克，盐3克，蜜赤豆适量。

制作步骤

1. 将清水、50克白糖、食用油、蛋黄、低筋面粉、淀粉混合。

2. 搅拌至没有粉粒状，备用。

3. 将蛋白、250克白糖、塔塔粉、盐混合，搅打至呈鸡尾状。

4. 将蛋白糊分次和步骤2的面糊拌匀。

5. 在模具底部平放上蜜赤豆，然后用平口花嘴将面糊挤成条状。

6. 入炉用上火180℃、下火130℃烘烤30分钟左右。

7. 取出晾凉后分切成小块。

8. 用白纸卷起，呈条状，成形后分切成小件即可。

布丁蛋糕

原料

清水800毫升，食用油120克，低筋面粉175克，淀粉25克，奶香粉3克，泡打粉2克，蛋黄175克，蛋白400克，塔塔粉7克，盐2克，布丁粉50克，全蛋80克，奶油40克，白糖适量。

制作步骤

1. 将适量清水、食用油、80克白糖、低筋面粉、淀粉、奶香粉、泡打粉混合，搅拌至没有粉粒状。

2. 加入蛋黄拌匀，备用。

3. 将蛋白、350克白糖、塔塔粉、盐混合，搅拌至白糖溶化。

4. 以先慢后快的方式搅拌，搅打至呈鸡尾状。

5. 分次与步骤2的面糊拌匀。

6. 装入模具中，入炉用上火170℃、下火120℃烘烤20分钟左右，脱模后晾凉。

7. 将布丁粉、全蛋、剩余的清水、适量白糖、奶油混合后煮熟。

8. 过筛后稍晾凉。

9. 将布丁液倒入已晾凉的蛋糕里，凝固即可。

彩虹蛋糕

原 料

盐6克，全蛋1200克，白糖650克，低筋面粉650克，蛋糕油60克，
鲜奶240毫升，液态酥油20毫升，食用油120克，果色香油适量。

制作步骤

1. 将盐、全蛋、白糖混合，搅拌至白糖溶化。

2. 加入低筋面粉搅拌至没有粉粒状。

3. 再加入蛋糕油，搅打至体积增大3倍。

4. 转中速放入鲜奶、液态酥油、食用油，稍拌匀。

5. 取适量拌好的面糊加入果色香油，调成有色的面糊。

6. 将调好色的面糊挤在模具内，作为装饰。

7. 加入原色面糊至八分满。

8. 入炉用上火 170℃、下火 120℃烘烤30 分钟左右，出炉冷却后脱模即可。

泡泡龙蛋糕

原料

清水250毫升，奶油250克，白糖200克，吉士粉25克，蛋糕粉400克，奶香粉10克，泡打粉10克，蛋黄400克，蛋白900克，果酱、塔塔粉各适量。

制作步骤

1.将清水、奶油、适量白糖拌匀。

2.加入吉士粉、蛋糕粉、奶香粉、泡打粉拌匀。

3.加入蛋黄，拌匀成面糊备用。

4.将蛋白、剩余的白糖、塔塔粉混合后以快速打发至湿性发泡。

5.加入面糊搅拌均匀。

6.将一半面糊放进烤盘内，刮平表面，入炉以上火170℃、下火150℃烘烤25分钟。

7.在烤好的蛋糕表面均匀涂抹果酱，卷起，备用。

8.将剩余的面糊装入裱花袋中，一个点一个点地挤在准备好的烤盘上。

9.入炉以上火170℃、下火150℃烘烤25分钟。

10.在烤好的泡泡龙蛋糕表面均匀涂抹果酱。

11.用泡泡龙蛋糕卷起成备用的蛋糕卷。

12.按需求分切成小件即可。

绿茶海绵蛋糕

原 料

全蛋1200克，白糖500克，蜂蜜100克，高筋面粉310克，低筋面粉310克，泡打粉6克，绿茶粉18克，蛋糕油40克，鲜奶120毫升，食用油300克，果酱或奶油适量。

制作步骤

1. 将全蛋、白糖、蜂蜜混合，搅拌至白糖溶化。

2. 加入高筋面粉、低筋面粉、泡打粉、绿茶粉、蛋糕油，以先慢后快的方式搅打至起发。

3. 分次加入鲜奶和食用油，以中速拌匀成面糊。

4. 将面糊倒入已垫纸的烤盘内并抹平，入炉用上火200℃、下火140℃烘烤30分钟左右。

5. 晾凉后将表皮去掉，分切成两半。

6. 用果酱或奶油将2片蛋糕叠起，再分切成小件即可。

戚风蛋糕
Chiffon Cake

可可蛋糕

原料

A：鸡蛋250克，砂糖200克，食盐2克；B：低筋面粉150克，高筋面粉80克，泡打粉7克，奶香粉2克，可可粉30克；C：鲜奶50克，色拉油210克；D：杏仁片适量。

 制作步骤

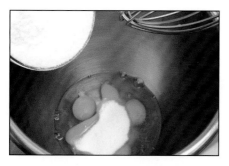

1. 将所有A原料混合，搅拌至砂糖溶化。

2. 加入所有B原料搅拌至完全无粉粒状。

3. 加入所有C原料，边加入边搅拌，直至完全混合均匀。

4. 将拌好的面糊倒入耐高温的温纸杯中至八分满。

5. 在表面撒上D原料作装饰。

6. 以上火180℃、下火140℃烘烤，熟透后出炉即可。

寿司蛋糕

原料

蛋糕体：蛋黄1500克，全蛋300克，砂糖550克，低筋面粉100克，玉米粉150克，酥油100毫升。

馅料：黄瓜、熟火腿、奶酪丝、肉松各适量。

制作步骤

1. 将蛋黄、全蛋、砂糖混合，搅拌至砂糖溶化。

2. 加入低筋面粉、玉米粉，以先慢后快的方式搅打至起发。

3. 加入酥油稍拌匀。

4. 将面糊倒入烤盘中并抹平，入炉烘烤25分钟。

5. 出炉后晾凉。

6. 将蛋糕体分切成小块，再准备馅料，将黄瓜切成条，将熟火腿切成丝。

7. 将所有馅料均匀地铺在蛋糕体上。

8. 将蛋糕卷起呈条状，再卷上一层表面沾过水的烤紫菜，然后分切成小件即可。

普罗蛋糕

原料

蛋白250克,白糖190克,牛奶60毫升,黄油150克,白巧克力150克,蜂蜜20克,蛋糕粉130克,白兰地10毫升,花生仁碎100克,糖粉适量。

制作步骤

1.将牛奶、黄油加热拌匀,加入白巧克力煮至溶化,熄火,加入蜂蜜拌匀。

2.加入蛋糕粉、白兰地拌匀成面糊,备用。

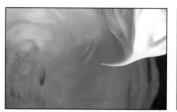

3.将蛋白和白糖混合,搅打至五分发。

4.将拌匀的面糊与打发好的蛋白拌匀。

5.加入花生仁碎拌匀。

6.倒入烤盘中并抹平。

7.入炉以上火170℃、下火160℃烘烤30分钟。

8.出炉晾凉后,按适合大小切块。

9.在上表面撒上糖粉作装饰即可。

40

欧式提子蛋糕

原料

黄油250克，糖粉250克，全蛋250克，蛋糕粉450克，玉米粉50克，泡打粉5克，葡萄干100克。

制作步骤

1.将黄油和糖粉拌匀。

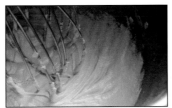
2.慢慢加入全蛋拌匀。

3.加入蛋糕粉、玉米粉、泡打粉拌匀。

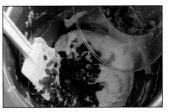
4.加入葡萄干拌匀。

5.将面糊装入裱花袋中，挤入模具至约八分满。

6.入炉以上火160℃、下火150℃烘烤30分钟。

7.出炉冷却后在蛋糕表面撒上糖粉（未在原料中列出）即可。

天使蛋糕

原料

A：椰浆200克，色拉油50克，蛋白125克；B：低筋面粉200克，玉米淀粉75克，泡打粉4克；C：蛋白400克，砂糖230克，塔塔粉7克；D：奶油、杏仁片各适量。

制作步骤

1. 将所有A原料混合拌匀。

2. 加入所有B原料搅拌。

3. 搅拌至无粉粒状，备用。

4. 将所有C原料混合。

5. 以先慢后快的方式搅拌。

6. 搅拌成硬性发泡蛋白霜。

7. 分次与步骤3的面糊混合拌匀。

8. 装入模具中至八分满，入炉以上火180℃，下火130℃烘烤。

9. 熟透后出炉，待冷却后脱模。

10. 在表面抹上D原料中的奶油，粘上杏仁片即可。

猕猴桃蛋糕卷

蛋糕体制作步骤

1.在量杯中放入全蛋和蛋黄。

2.加入砂糖搅打至全发。

3.将蛋糊倒入锅中，加入已过筛的低筋面粉拌匀。

4.加入已加热融化的黄油、牛奶拌匀，将拌好的蛋糕面糊倒入烤盘中，入炉以上火 180℃、下火 150℃烘烤 25 分钟左右即可。

奶油夹心馅制作步骤

原料

蛋糕体：全蛋360克，蛋黄55克，砂糖183克，低筋面粉83克，黄油93克，牛奶25毫升。

奶油夹心馅：牛奶100毫升，砂糖420克，蛋黄20克，玉米粉10克，吉利丁5克，奶油奶酪150克，动物奶油300克。

其他：纸牌2张，猕猴桃片、杏仁片、巧克力酱、开心果碎各适量。

1. 锅中放入蛋黄，加入砂糖搅打至发白。

2. 加入玉米粉拌匀。

3. 加入牛奶，隔水煮至浓稠。

4. 加入已用冰水泡软的吉利丁拌匀，备用。

5. 锅中放入已软化的奶油奶酪，分次加入步骤4的混合物拌匀。

6. 加入已搅打至六分发的动物奶油拌匀。

 猕猴桃蛋糕卷制作步骤

1. 在纸上放一块蛋糕体，均匀地抹上一层奶油夹心馅。

2. 再均匀地放上猕猴桃片。

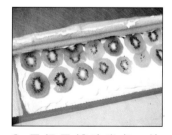

3. 用棍子辅助卷起，放入 -10℃的冰箱冷冻3小时左右。

4. 将冻好的猕猴桃蛋糕卷去掉纸，切掉两头的边缘部分，放在玻璃板上准备装饰。

5. 在蛋糕卷两边贴上杏仁片。

6. 将奶油夹心馅均匀地挤在蛋糕卷上面。

7. 画上巧克力线条。

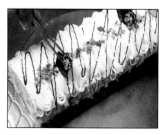

8. 撒上开心果碎，插上2张纸牌，装饰完成。

波特蛋糕

原 料

黑色面糊：黄油40 克，可可粉15 克，糖粉30 克，低筋面粉30 克，蛋白120 克。
表皮面糊：全蛋150 克，糖粉50 克，低筋面粉100 克，蛋白120 克，砂糖50 克，塔塔粉1 克。
其他：戚风蛋糕、果酱各适量。

制作步骤

1. 将黑色面糊原料中的黄油加热融化，然后倒入可可粉、糖粉、低筋面粉搅拌均匀。

2. 加入蛋白调节面糊软硬度。

3. 将黑面糊倒入已垫耐高温布的烤盘内，再用各式工具在面糊表面刮出花纹，备用。

4. 将表皮面糊原料中的全蛋、糖粉、低筋面粉搅拌至无颗粒状，备用。

5. 将蛋白、砂糖、塔塔粉搅拌至中性发泡。

6. 分次将步骤5 的蛋白面糊和步骤4 的全蛋面糊拌匀。

7. 倒入已刮花纹备用的黑色面糊上并抹平，入炉烘烤10 分钟即为波特皮。

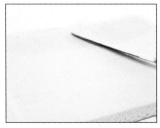

8. 在戚风蛋糕体表面抹上果酱后卷起。

9. 波特皮表面也抹上果酱。

10. 把卷起成形的蛋糕体用波特皮包起来。

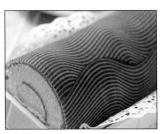

11. 静置成形，食用时分切成小件即可。

蔬菜蛋糕

原料

A：水150克，色拉油150克；B：低筋面粉180克，玉米淀粉80克，奶香粉2克；C：蛋黄210克；
D：蔬菜叶80克；E：蛋白400克，砂糖220克，塔塔粉8克，食盐13克；F：奶油适量。

制作步骤

1. 将所有 A 原料混合后加入所有 B 原料搅拌至无粉粒状。

2. 再加入 C 原料搅拌至纯滑。

3. 将 D 原料切成丝，加入步骤 2 的混合物中，拌匀成面糊，备用。

4. 将所有 E 原料混合，以先慢后快的方式搅拌。

5. 搅打至呈硬性鸡尾状。

6. 分次与面糊混合拌匀。

7. 将拌匀后的面糊倒入已垫纸的烤盘中并抹平表面，入炉以上火 180℃，下火 140℃烘烤。

8. 熟透后出炉冷却。

9. 在表面抹上 F 原料。

10. 卷起，呈卷状，静置成形后分切成小件即可。

苹果蛋糕

原 料

A：水120克，色拉油90克；B：低筋面粉160克，玉米淀粉50克，奶香粉2克，泡打粉3克；
C：蛋黄130克；D：苹果1个；E：蛋白300克，砂糖160克，塔塔粉4克，食盐3克。

制作步骤

1. 将所有 A 原料混合后加入所有 B 原料搅拌至无粉粒状。

2. 加入 C 原料搅拌至纯滑。

3. 将 D 原料切成丁后加入步骤 2 中的面糊中拌匀，备用。

4. 将所有 E 原料混合，以先慢后快的方式搅拌均匀。

5. 搅打至呈硬性鸡尾状。

6. 分次与步骤 3 中的面糊混合拌匀。

7. 将拌好的面糊倒入模具中，以上火 180℃，下火 120℃烘烤至熟透。

8. 出炉冷却后脱模即可。

贝壳蛋糕

A：全蛋210克，砂糖180克，食盐2克；B：低筋面粉210克，泡打粉4克，小苏打1克，奶香粉2克；C：色拉油200克。

制作步骤

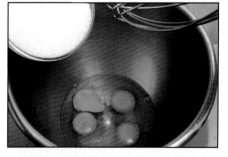

1. 将所有A原料混合，搅拌至砂糖溶化。

2. 加入所有B原料搅拌至无粉粒状。

3. 加入C原料搅拌。

4. 搅拌至完全混合。

5. 将拌好的面糊倒入模具中至八分满。

6. 入炉以上火170℃、下火130℃烘烤至熟透，出炉冷却后脱模即可。

重油蛋糕
Pound Cake

黑枣蛋糕

 原料

A：黑枣肉100克，清水100克，乳酸饮料100克；B：白兰地30克；C：全蛋250克，砂糖250克；D：低筋面粉250克，泡打粉4克，小苏打2克；E：色拉油200克。

 制作步骤

1. 将所有 A 原料混合，用慢火煮至枣肉熟透且水干。

2. 加入 B 原料拌匀，备用。

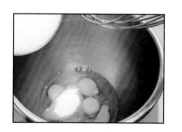

3. 将所有 C 原料混合，搅拌至砂糖溶化。

4. 加入所有 D 原料搅拌至无粉粒状。

5. 加入步骤2中的枣泥拌匀。

6. 加入 E 原料，边加入边搅拌，至完全混合。

7. 将拌好的面糊倒入模具中至八分满。

8. 入炉以上火 170℃、下火 130℃烘烤至熟透，出炉冷却后脱模即可。

巧克力核桃蛋糕

原料

A：黄油225克，糖粉300克；
B：全蛋280克；C：低筋面粉
280克，可可粉35克，小苏打3
克；D：巧克力100克；E：鲜奶
130克，水70克；F：核桃肉碎
150克。

制作步骤

1. 将所有A原料混合搅拌至呈奶白色。

2. 慢慢加入B原料，边加入边搅拌均匀。

3. 加入所有C原料，搅拌至完全纯滑。

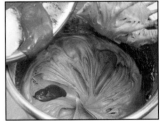

4. 加入已隔水融化的D原料拌匀。

5. 加入所有E原料，边加入边搅拌至完全混合。

6. 加入F原料拌匀。

7. 将拌好的面糊用裱花袋挤入模具内至八分满。

8. 入炉以上火170℃、下火130℃烘烤至熟透，出炉冷却后脱模即可。

杏香重油蛋糕

原料

全蛋250 克，砂糖180克，食盐2克，低筋面粉200克，奶粉20克，泡打粉7克，杏仁粉30克，色拉油180克，杏仁片适量。

 制作步骤

1. 将全蛋、砂糖、食盐混合搅拌至砂糖溶化。

2. 加入低筋面粉、奶粉、泡打粉、杏仁粉搅拌至无颗粒状。

3. 加入色拉油，边加入边搅拌。

4. 搅拌至完全混合均匀。

5. 将面糊倒入模具内至约八分满。

6. 在表面撒上杏仁片作装饰后入炉。

7. 以上火170 ℃，下火140℃烘烤至熟透，冷却后出炉脱模即可。

重油小蛋糕

原料

A：全蛋250克，砂糖200克，食盐2克；B：低筋面粉200克，吉士粉25克，奶香粉2克，泡打粉适量；C：色拉油180克；D：瓜子仁适量。

制作步骤

1. 将所有A原料混合，搅拌至砂糖溶化。

2. 加入所有B原料，搅拌至光滑、无粉粒状。

3. 加入C原料，边加入边搅拌，直至完全拌匀。

4. 将拌好的面糊倒入模具内至八分满。

5. 在表面撒上D原料作装饰。

6. 入炉以上火180℃、下火140℃烘烤至熟透，出炉冷却后脱模即可。

火焰蛋糕

A：全蛋170克，砂糖135克，蜂蜜20克，食盐2克；B：低筋面粉170克，泡打粉4克，奶香粉1克，小苏打1克；C：色拉油150克；D：杏仁片适量。

制作步骤

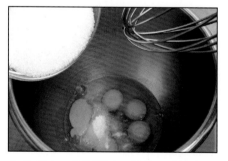

1. 将所有A原料混合，搅拌至砂糖溶化。

2. 加入所有B原料搅拌至无粉粒状。

3. 加入C原料，边加入边搅拌至完全混合。

4. 将拌好的面糊倒入模具中至八分满。

5. 在表面撒上D原料作装饰。

6. 入炉以上火180℃、下火140℃烘烤至熟透，出炉冷却后脱模即可。

红豆蛋糕

原料

A：黄油275克，糖粉275克，蜂蜜30克；B：鸡蛋250克；C：低筋面粉500克，奶粉30克，泡打粉18克；D：鲜奶180克；E：红蜜豆230克。

制作步骤

1. 将所有A原料混合，搅拌至纯滑、呈奶白色。

2. 加入所有B原料，边加入边搅拌至均匀。

3. 加入所有C原料，以中速搅拌至完全混合。

4. 加入D原料，边加入边搅拌，直至均匀透彻。

5. 用手或用胶刮轻轻加入E原料，稍拌匀即可。

6. 将拌好的面糊倒入模具中至八分满，入炉以上火170℃、下火130℃烘烤至熟透，出炉冷却后脱模即可。

蓝莓重油蛋糕

原 料

A：全蛋250克，砂糖230克，食盐2克；B：低筋面粉230克，泡打粉7克，奶香粉2克；C：鲜奶40克，色拉油180克；D：蓝莓果馅适量；E：瓜子仁适量。

制作步骤

1. 将所有A原料混合，搅拌至砂糖溶化。

2. 加入所有B原料搅拌至无粉粒状。

3. 加入所有C原料，边加入边搅拌至完全混合。

4. 加入D原料稍拌。

5. 将拌好的面糊倒入模具中至八分满。

6. 在表面撒上E原料作装饰。

7. 入炉以上火180℃、下火140℃烘烤至熟透，出炉冷却后脱模即可。

香酥水果蛋糕

原料

A：全蛋220克，砂糖200克，食盐2克；B：高筋面粉210克，泡打粉6克，奶香粉2克；C：鲜奶40克，色拉油200克；D：橘子肉、香酥粒各适量。

制作步骤

1.将所有A原料混合，搅拌至砂糖溶化。

2.加入所有B原料搅拌至完全无粉粒状。

3.加入所有C原料，边加入边搅拌。

4.搅拌至完全混合均匀。

5.将拌好的面糊倒入模具中至八分满。

6.表面用D原料中的橘子肉作装饰。

7.再撒上适量香酥粒。

8.以上火180℃、下火130℃烘烤至熟透，出炉冷却后脱模即可。

蜂巢蛋糕

原 料

A：砂糖200克，水250克，蜂蜜28克；B：炼奶160克，色拉油100克，全蛋200克；C：低筋面粉170克，小苏打10克。

制作步骤

1. 将所有A原料混合并加热，煮开成糖水，冷却备用。

2. 将所有B原料混合，拌匀。

3. 加入步骤1中的糖水拌匀。

4. 过筛，滤去杂质。

5. 取少量过筛后的液态原料。

6. 加入所有C原料搅拌均匀至完全无颗粒状。

7. 加入剩余的液态原料。

8. 搅拌均匀后静置。

9. 待冷却后倒入模具中至八分满。

10. 入炉以上火180℃、下火170℃烘烤至熟透，出炉冷却后脱模即可。

果馅蛋糕

全蛋190克，果馅60克，白糖120克，黄油150克，蛋糕粉140克，香酥粒适量。

制作步骤

1.在准备好的模具内侧刷上黄油。

2.把全蛋和白糖拌匀。

3.加入蛋糕粉拌匀。

4.慢慢加入已融化的黄油，拌匀成面糊。

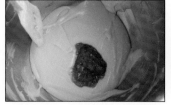

5.加入果馅拌匀。

6.将搅拌好的面糊装入裱花袋中，挤入模具内至约六分满。

7.在表面撒上香酥粒。

8.入炉以上火170℃、下火150℃烘烤25分钟，出炉晾凉后脱模即可。

柠檬果味蛋糕

原料

全蛋250克，糖粉250克，蛋糕粉450克，玉米粉50克，泡打粉5克，奶香粉5克，食用油220克，果馅100克。

制作步骤

1.将全蛋和糖粉拌匀后加入蛋糕粉拌匀。

2.再加入泡打粉和奶香粉拌匀。

3.慢慢加入食用油拌匀。

4.加入果馅拌匀。

5.将面糊倒入模具中至约八分满。

6.入炉以上火170℃、下火150℃烘烤25分钟，出炉晾凉后脱模即可。

果脯蛋糕

原 料

A：黄油140克，糖粉125克，食盐2克；B：全蛋130克；
C：低筋面粉170克，吉士粉20克，奶粉15克，泡打粉6克；
D：鲜奶50克；E：提子干100克，白兰地50克；F：瓜子仁
适量。

制作步骤

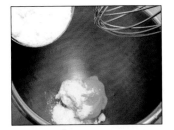

1. 将所有 A 原料混合，搅拌至呈奶白色。

2. 分次加入 B 原料，边加入边搅拌至均匀。

3. 加入所有 C 原料拌匀。

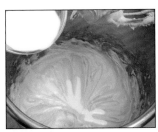

4. 再加入 D 原料拌匀。

5. 加入所有 E 原料拌匀。

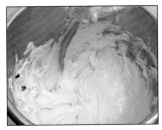

6. 搅拌至彻底均匀。

7. 将面糊装入裱花袋中。

8. 将面糊挤入模具中至八分满。

9. 在表面撒上 F 原料作装饰，然后入炉。

10. 以上火 170℃、下火 130℃烘烤至熟透，出炉冷却后脱模即可。

绿茶蛋糕

原料

A：全蛋220克，砂糖200克，蜂蜜20克；B：低筋面粉200克，泡打粉6克，绿茶粉20克；C：色拉油200克；D：杏仁片适量。

 制作步骤

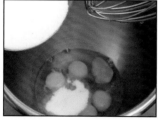

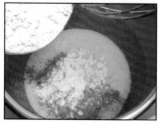

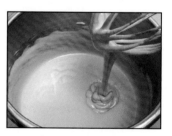

1. 将所有 A 原料混合，搅拌至砂糖溶化。

2. 加入所有 B 原料搅拌至完全无粉粒状。

3. 加入 C 原料，边加入边搅拌。

4. 搅拌至完全混合均匀。

5. 将搅拌好的面糊倒入模具中至八分满。

6. 在表面撒上 D 原料作装饰。

7. 以上火 180 ℃、下火 130 ℃烘烤至熟透，出炉冷却后脱模即可。

巧克力蛋糕
Chocolate Cake

奶油巧克力杯

巧克力奶油：蛋黄80克，砂糖40克，牛奶400毫升、鲜奶油、巧克力糖浆、巧克力碎、无花果各适量。

制作步骤

1.将蛋黄、砂糖混合，搅拌至呈白色，备用。锅中放入牛奶和100克鲜奶油，加热至沸腾，取1/3倒入蛋黄中拌匀，再倒入剩下的牛奶，用小火加热成糊状。

2.放入130克巧克力碎拌匀，过滤，再用冰水冷却。

3.倒入玻璃杯中，放入冰箱冷冻约5小时。

4.从冰箱中取出后挤入鲜奶油。

5.倒入巧克力糖浆，注意用勺从高处拉成线状，最后装饰上巧克力碎和无花果即可。

胡桃巧克力鸡蛋杯

原料

全蛋150克，蛋黄 1个，砂糖110克，低筋面粉120克，色拉油100克，可可粉30克，核桃仁碎、糖粉各适量。

制作步骤

1. 将全蛋、蛋黄、砂糖混合，打至发白。

2. 加入过筛后的低筋面粉、可可粉，搅拌至光滑。

3. 加入色拉油拌匀。

4. 加入核桃仁碎拌匀。

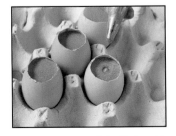

5. 将面糊装入裱花袋中，挤入模具中至八分满，入炉烘烤35分钟左右。

6. 出炉后在蛋糕表面筛上糖粉即可。

香橙巧克力蛋糕

原料

杏仁粉30克，低筋面粉100克，全蛋100克，奶油60毫升，白兰地橘子酒10毫升，巧克力块30克，蜂蜜、糖粉各适量。

糖渍香橙：香橙 2个，红糖 90克，砂糖 70克，蜂蜜 35克，水适量。

制作步骤

1. 将奶油放进锅内加热，制成焦奶油，再用锥形过滤器过滤。把巧克力块切碎后放进盆内，再将焦奶油倒入，搅拌至巧克力溶化成巧克力酱，备用。

2. 将杏仁粉和低筋面粉拌匀，加入蜂蜜混合均匀。

3. 边搅拌边加入全蛋，搅拌至柔滑。

4. 边搅拌边加入巧克力酱。

5. 混合好后，再加入白兰地橘子酒拌匀。

6. 将面糊装入裱花袋中，挤入模具中至约 1/6 满。

7. 再放入糖渍香橙（将所有制作糖渍香橙的原料混合均匀即可）于中央至模具 2/3 满，入炉以 180℃ 烘烤 10 分钟，装饰后再以 160℃ 烘烤约 15 分钟，取出晾凉后撒上糖粉即可。

咖啡诱惑

原料

巧克力蛋糕体1块，牛奶30毫升，淡奶油200克，咖啡浆、咖啡味的奶油各适量。

制作步骤

1. 在已打发的淡奶油中加入牛奶拌匀。

2. 加入咖啡浆拌匀。

3. 倒于底铺纸的巧克力蛋糕体表面。

4. 将其抹平。

5. 用木棍辅助卷起纸前端，转动木棍，将纸收紧，卷起蛋糕。

6. 在蛋糕卷上挤上咖啡味的奶油。

7. 用胶片抹至光滑。

8. 切块，淋上咖啡浆即可。

朗姆蛋糕

原料

全蛋400克，色拉油100克，巧克力预拌粉500克，
液态奶油100毫升，提子干100克，海绵蛋糕碎、黄
油、朗姆酒或白兰地各适量。

制作步骤

1. 将巧克力预拌粉加入已打散的全蛋
中，搅拌均匀。

2. 加入液态奶油拌匀。

3. 加入色拉油拌匀。

4. 加入提子干拌匀。

5. 加入海绵蛋糕碎拌匀。

6. 倒入已抹黄油的模具里，入炉烘烤
35分钟左右。

7. 出炉后刷上朗姆酒或白兰地，切块
即可。

美式巧克力魔鬼蛋糕

原料

奶酪150克，砂糖200克，全蛋150克，蛋糕油3克，低筋面粉200克，牛奶150毫升，可可粉 6克，透明果胶、粘有黑巧克力的泡泡球各适量。

制作步骤

1. 锅中放入已在室温条件下软化的奶酪，再加入砂糖拌匀。

2. 加入蛋糕油搅打至发白。

3. 分次加入全蛋拌匀。

4. 加入已过筛的低筋面粉拌匀。

5. 加入可可粉拌匀。

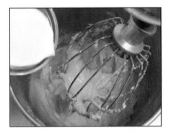

6. 慢慢注入牛奶拌匀。

7. 用裱花袋将面糊挤入模具中至八分满，入炉以上火190℃、下火 160℃烤 35 分钟。

8. 出炉冷却后脱模，在蛋糕表面刷上透明果胶。

9. 在每份蛋糕上放上 3 颗粘有黑巧克力的泡泡球即可。

原 料

清水75毫升，蛋黄300克，低筋面粉200克，淀粉50克，奶香粉5克，蛋白450克，砂糖250克，塔塔粉15克，食盐2克，椰蓉、奶油、糖浆、黑巧克力、果酱、彩色巧克力针各适量。

制作步骤

1. 将清水、蛋黄、低筋面粉、淀粉、奶香粉拌匀，备用。

2. 将蛋白、砂糖、塔塔粉、食盐混合搅拌至呈鸡尾状。

3. 将步骤2的蛋白糊分次与步骤1的蛋黄糊拌匀。

4. 装进裱花袋里，挤出成形。

5. 表面撒上椰蓉，入炉烘烤20分钟左右。

6. 出炉后翻面，抹上果酱。

7. 卷起成筒形。

8. 将奶油打发后加入糖浆调匀成奶油馅。

9. 将奶油馅挤入卷好的蛋糕筒内。

10. 将黑巧克力隔水加热融化。

11. 淋在蛋糕筒内的奶油上。

12. 最后用彩色巧克力针装饰即可。

克里奥尔蛋糕

巧克力松饼：低筋面粉250克，糖粉200克，蛋黄150克，蛋白30克，白糖80克，玉米粉120克，可可粉60克，黄油50克。

圆松饼：蛋白168克，白糖45克，低筋面粉10克，开心果粉末183克，糖粉81克。

红茶冷食：牛奶80毫升，红茶7克，鲜奶油110克，蛋黄33克，吉利丁片2克，白糖16克。

巧克力奶油：蛋黄30克，白糖40克，矿泉水30毫升，巧克力150克，鲜奶油240克。

其他：牛奶巧克力150克。

巧克力松饼制作步骤

将低筋面粉、糖粉和蛋黄混合，拌匀成蛋黄糊。将蛋白和白糖放入另一个碗中拌匀，然后与蛋黄糊及剩余其他原料混合均匀，挤在烤盘上，入炉以200℃烘烤8～10分钟。

 圆松饼制作步骤

1.将蛋白、白糖打发，加入低筋面粉、开心果粉末和糖粉搅拌均匀。

2.挤成直径为12厘米的涡旋状，入炉以160℃烘烤15分钟左右。

 红茶冷食制作步骤

1.煮沸牛奶，倒入红茶煮4分钟。

2.过滤。

3.加入60克鲜奶油、蛋黄、已泡软的吉利丁片和白糖拌匀，冷却至30℃，与已打发至起泡的50克鲜奶油混合均匀。

4.倒入直径为9厘米的模具中。

 巧克力奶油制作步骤

1.将蛋黄、白糖和矿泉水加热至80℃，轻轻打发。

2.加入已融化的巧克力中。

3.加入鲜奶油轻轻搅拌均匀，备用。

克里奥尔蛋糕制作步骤

1.在模具中放入巧克力松饼，倒入适量巧克力奶油。

2.加入圆松饼。

3.放上红茶冷食。

4.倒入剩余巧克力奶油，凝固后从模具中取出，淋上牛奶巧克力，最后稍作装饰即可。

原味巧克力蛋糕

原 料

全蛋2个，砂糖120克，低筋面粉150克，可可粉25克，泡打粉5克，牛奶100毫升，黄油115克，糖粉、巧克力酱、巧克力、配件、纸牌各适量。

制作步骤

1. 将黄油、牛奶混合，隔水加热至黄油溶解，备用。

2. 将全蛋、砂糖混合，搅打至发白。

3. 加入已过筛的低筋面粉、可可粉、泡打粉混合。

4. 加入步骤1的混合物拌匀，朝同一方向搅拌，避免分离。

5. 倒入已抹油的模具中，入炉烘烤30分钟左右。

6. 切件后，在蛋糕边缘筛上糖粉。

7. 摆上巧克力配件，挤上巧克力线条。

8. 插上纸牌即可。

布隆森林蛋糕

原料

蛋糕面糊：杏仁粉38克，糖粉90克，黄油105克，鲜奶油15克，蛋黄2.5个，全蛋1个，经朗姆酒浸渍的葡萄干53克，低筋面粉120克，泡打粉1.5克，巧克力90克，杏仁碎83克，蛋白98克，砂糖34克。

核桃糖浆：糖浆90克，核桃利口酒5克。

其他：榛果果粒、巧克力浆、金箔各适量。

制作步骤

1. 将黄油和全蛋充分搅打发泡；将低筋面粉和糖粉混合，过筛后倒入蛋糊中。

2. 加入蛋黄和鲜奶油拌匀。

3. 加入经朗姆酒浸渍的葡萄干，搅拌均匀，备用。

4. 将杏仁粉过筛，倒入巧克力和杏仁碎拌匀，备用。

5. 在步骤3的混合物中加入泡打粉拌匀。

6. 再加入一半步骤4的混合物拌匀。

7. 加入剩余的步骤4的混合物和用蛋白和砂糖打发成的蛋白霜，搅拌均匀。

8. 将面糊挤入模具中，入炉以180℃烘烤35～40分钟，中途在蛋糕表面割出裂痕。

9. 蛋糕烤好后，在上面涂上核桃糖浆，摆上榛果果粒，淋上巧克力浆，再装饰上金箔即可。

巧克力全麦蛋糕

原料

全麦粉500克，全蛋350克，液态奶油100克，牛奶50毫升，色拉油100克，牛奶巧克力100克，酥粒、马卡龙饼干、巧克力棒、纸牌各适量。

制作步骤

1. 将全蛋、液态奶油混合拌匀。

2. 加入色拉油拌匀。

3. 加入全麦粉拌匀，备用。

4. 将牛奶巧克力、牛奶混合，隔水加热溶解。

5. 倒入步骤3的混合物中拌匀。

6. 装入裱花袋中，挤进已垫纸杯的模具中，撒上酥粒后入炉烘烤35分钟。

7. 出炉后插上纸牌，放上粘有巧克力的马卡龙饼干。

8. 最后放上巧克力棒即可。

慕斯蛋糕
Mousse Cake

黑芝麻奶酪慕斯蛋糕

原 料

奶油奶酪110克，牛奶85毫升，黑芝麻粉30克，蛋白35克，砂糖45克，乳脂鲜奶油75克，吉利丁6克，清水、原味蛋糕体、核桃仁、薄荷叶、黑巧克力、透明果胶各适量。

制作步骤

1. 将奶油奶酪隔热水软化。

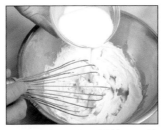

2. 分次加入牛奶搅拌至柔软光滑，备用。

3. 将砂糖和清水加热至100℃，备用。

4. 将蛋白搅打至五分发。

5. 将步骤3的100℃的砂糖水冲入步骤4的蛋白霜中，边冲边快速搅拌直至光亮，即成意大利蛋白霜。

6. 将吉利丁用冰水泡软后隔热水融化，再冷却至35℃左右，备用。

7. 将步骤5的意大利蛋白霜分次加入步骤2的混合物中拌匀。

8. 再加入已搅打至七分发的乳脂鲜奶油拌匀。

9. 加入黑芝麻粉拌匀成黑芝麻奶酪糊。

10. 加入步骤6冷却好的吉利丁，拌匀成黑芝麻奶酪慕斯。

11. 将黑芝麻奶酪慕斯倒入模具中至约八分满。

12. 再放上1块原味蛋糕体，封好保鲜膜，入冰箱冷冻成形。

13. 用热水脱模，垫上垫托。

14. 将黑巧克力加热融化后挤在慕斯上面，让其自然流下成形。

15. 再放上核桃仁和薄荷叶作装饰。

16. 最后刷上透明果胶即可。

椰奶赤豆奶酪慕斯蛋糕

原料

奶油奶酪110克，椰奶150毫升，蛋白45克，砂糖50克，吉利丁6克，
樱桃酒5毫升，饼干屑100克，黄油50克，赤豆、蝴蝶形巧克力片、
饼干屑、透明果胶各适量。

制作步骤

1. 将奶油奶酪隔热水软化至无颗粒状。

2. 分次加入椰奶搅拌至软滑细腻，备用。

3. 将砂糖和水加热至100℃，备用。

4. 将蛋白搅打至五分发，慢慢加入步骤3中的100℃的砂糖水，边加入边搅拌至光亮，颜色如打发好的鲜奶油一般。

5. 分次加入步骤2的混合物中拌匀。

6. 加入100克赤豆拌匀。

7. 加入樱桃酒拌匀。

8. 加入已融化并冷却至手温的吉利丁拌匀，即成椰奶赤豆奶酪慕斯，备用。

9. 将已融化的黄油和饼干屑拌匀成饼干馅。

10. 压入模具底部，入冰箱冷冻凝固后取出。

11. 将步骤8的馅料用裱花袋挤入模具中并抹平表面，再入冰箱冷冻成形。

12. 冷冻凝固后取出，在表面淋上透明果胶。

13. 再撒上赤豆作装饰。

14. 最后在杯边插上1片蝶翅形巧克力片即可。

热带风情椰子慕斯蛋糕

原 料

奶油奶酪110克，牛奶35毫升，椰子味卡士达馅65克，砂糖35克，吉利丁5克，淡奶油125克，椰子酒8毫升，巧克力蛋糕体、冰水、椰子果肉丁、椰奶、杏仁粒、巧克力椰树、巧克力圈、透明果胶各适量。

制作步骤

1. 将奶油奶酪隔热水软化，分次加入牛奶拌匀。

2. 加入椰子味卡士达馅拌匀，备用。

3. 将砂糖加入吉利丁和冰水中拌匀，再隔热水溶化后冷却至手温。

4. 然后加入步骤2的混合物中搅拌均匀。

5. 分次加入搅打至六分发的淡奶油中拌匀。

6. 加入椰子酒搅拌均匀。

7. 再加入椰子果肉丁拌匀。

8. 倒入橄榄形模具中至八分满。

9. 在表面放1块橄榄形巧克力蛋糕体，封好保鲜膜，入冰箱冷冻成形。

10. 加热脱模后放于底托上，淋上椰奶。

11. 在慕斯上插1棵巧克力椰树。

12. 在椰树前面放上杏仁粒和巧克力圈，刷上透明果胶即可。

芒果巧克力慕斯蛋糕

You can enjoy
happy time

原料

饼干底：饼干屑90克，黄油45克。

巧克力慕斯：巧克力120克，牛奶24毫升，吉利丁片6克，白糖10克，清水30毫升，蛋黄40克，淡奶油275克。

芒果慕斯：芒果泥95克，白糖15克，吉利丁片6克，柠檬汁6毫升，淡奶油165克。

饼干底制作步骤

将饼干屑与已融化的黄油混合，拌匀后压入模具底部，放入冰箱冷冻，备用。

巧克力慕斯制作步骤

1.将巧克力隔热水融化，加入温热的牛奶拌匀，再加入已泡软的吉利丁片搅拌至溶化，备用。

2.将白糖和清水加热到120℃，倒入已打散的蛋黄中快速拌匀至凉。

3.倒入已搅打至七分发的淡奶油中拌匀。

4.加入步骤1的混合物拌匀，即成巧克力慕斯。

芒果慕斯制作步骤

  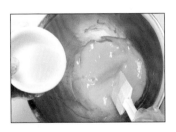 

1.将芒果泥和白糖加热至白糖溶化。

2.趁热加入已泡软的吉利丁片搅拌至溶化。

3.加入柠檬汁拌匀。

4.降温后加入已搅打至七分发的淡奶油，拌匀即成芒果慕斯。

芒果巧克力慕斯蛋糕制作步骤

1.将巧克力慕斯倒入垫有饼干屑的模具内，放入冰箱冷冻。

2.将芒果慕斯倒在已冻结凝固的巧克力慕斯表面。

3.抹平表面后放入冰箱冷冻，凝固后用火枪加热模具边缘，脱膜后装饰即可。

蓝莓巧克力慕斯蛋糕

原料

巧克力蛋饼：蛋白90克，糖粉90克，杏仁粉90克，可可粉8克。
巧克力慕斯：牛奶200毫升，蛋黄40克，白糖45克，巧克力80克，淡奶油150克，吉利丁片6克。
蓝莓慕斯：蓝莓果馅100克，吉利丁片6克，蛋白30克，白糖30克，淡奶油150克，清水适量。

 巧克力蛋饼制作步骤

1.将蛋白、糖粉混合搅打至干性起发。
2.加入已过筛的杏仁粉和可可粉拌匀。
3.在模具中挤成空心圆圈状，入炉烘烤15分钟，备用。

 巧克力慕斯制作步骤

1.将蛋黄和白糖拌匀。

2.加入已加热至80℃的牛奶拌匀。

3.趁热加入切碎的巧克力，搅拌至巧克力溶解。

4.加入已泡软的吉利丁片拌匀。

5.倒入已搅打至七分发的淡奶油中拌匀，即成巧克力慕斯。

 蓝莓慕斯制作步骤

1.将白糖和水混合，搅拌至白糖溶解后加热至120℃。

2.将蛋白搅打至五分发后加入白糖水，快速搅打至光亮。

3.加入已搅打至七分发的淡奶油中拌匀，备用。

4.将蓝莓果馅加热至溶化。

5.加入已泡软的吉利丁片拌匀。

6.倒入步骤3的混合物中拌匀，即成蓝莓慕斯。

 蓝莓巧克力慕斯蛋糕制作步骤

1.将巧克力慕斯倒入铺有巧克力蛋饼的模具中，放冰箱冷冻待用。

2.将蓝莓慕斯馅倒在已冷冻凝固的巧克力慕斯上面。

3.抹平表面后放入冰箱冷冻成形，然后用火枪加热模具边缘，脱膜后装饰即可。

白巧克力酸奶慕斯蛋糕

原料

饼干底：奥利奥饼干屑90克，黄油45克。
浸渍水果：香橙1/2个，草莓10颗，蓝莓10颗，白糖适量，君度酒适量。
白巧克力酸奶慕斯：白巧克力105克，酸奶83克，吉利丁片4克，淡奶油130克。

饼干底制作步骤

将奥利奥饼干屑与已融化的黄油混合拌匀后压入模具底部，放入冰箱冷冻，备用。

浸渍水果制作步骤

1.盆内放入各色水果，加入白糖拌匀。

2.加入君度酒拌匀，放入冰箱冷冻1小时，备用。

白巧克力酸奶慕斯制作步骤

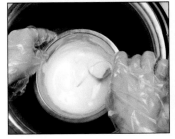

1.把白巧克力隔热水融化。

2.加入少量酸奶拌匀，再慢慢加入剩余的酸奶拌匀。

3.加入已泡软的吉利丁片拌匀。

4.倒入已搅打至七分发的淡奶油中拌匀，即成白巧克力酸奶慕斯。

白巧克力酸奶慕斯蛋糕制作步骤

1.将一半白巧克力酸奶慕斯倒入垫有饼干的模具中。

2.在表面铺上一层浸渍水果。

3.再将剩余的慕斯倒入。

4.抹平表面，放入冰箱冷冻成形后，用火枪加热模具边缘，脱模后装饰即可。

薄荷巧克力慕斯蛋糕

原 料

饼干底：90克巧克力可可米饼干屑，黄油45克。
薄荷馅：淡奶油125克，蛋黄80克，白糖25克，薄荷叶10克，吉利丁片6克，鲜奶油60克。
巧克力慕斯：淡奶油110克，吉利丁片5克，巧克力169克，白糖45克，蛋白45克，清水适量。
其他：巧克力浆适量。

 饼干底制作步骤

将巧克力可可米饼干屑与已融化的黄油混合，拌匀后压入模具底部，放入冰箱冷冻，备用。

 薄荷馅制作步骤

1.将薄荷叶与鲜奶油煮沸。

2.过筛，滤掉薄荷叶，备用。

3.将蛋黄和白糖混合拌匀。

4.加入步骤2的混合物拌匀，再加热至85℃。

5.加入已泡软的吉利丁片拌匀。

6.倒入已搅打至七分发的淡奶油中拌匀。

7.倒入模具中，放入冰箱冷冻成形，备用。

 巧克力慕斯制作步骤

1.将淡奶油加热，加入切碎的巧克力，搅拌至巧克力溶化。

2.加入已泡软的吉利丁片拌匀，备用。

3.将蛋白搅打至湿性发泡，加入煮至120℃的白糖水，搅打至起发。

4.加入步骤2的混合物中拌匀，即成巧克力慕斯。

 薄荷巧克力慕斯蛋糕制作步骤

1.将巧克力慕斯倒入铺有巧克力饼干的模具中至五分满。

2.将已冻结凝固的薄荷馅放在已凝固的巧克力慕斯上面。

3.再倒入剩余的巧克力慕斯。

4.抹平表面后入冰箱冷冻，凝固后淋上巧克力浆，再冷冻成形后用火枪加热模具边缘，脱模后装饰即可。

焦糖巧克力慕斯蛋糕

原料

焦糖慕斯：白糖83克，蛋黄86克，吉利丁片5克，白巧克力83克，淡奶油166克。
巧克力慕斯：牛奶83毫升，吉利丁片5克，巧克力93克，淡奶油166克，朗姆酒适量。
其他：巧克力蛋糕片、巧克力浆各适量。

焦糖慕斯制作步骤

1.将白糖烧焦，加入已加热的淡奶油，搅拌至白糖溶化。

2.倒入已打散的蛋黄中拌匀。

3.加入已泡软的吉利丁片拌匀。

4.倒入已融化的白巧克力中拌匀。

5.加入已搅打至七分发的淡奶油拌匀，即成焦糖慕斯。

巧克力慕斯制作步骤

1.将牛奶加热，加入切碎的巧克力，搅拌至巧克力溶化。

2.加入已泡软的吉利丁片拌匀。

3.加入郎姆酒拌匀。

4.倒入已搅打至七分发的淡奶油中拌匀，即成巧克力慕斯。

焦糖巧克力慕斯蛋糕制作步骤

1.将焦糖慕斯倒入已铺有巧克力蛋糕片的模具中，放入冰箱冷冻。

2.将巧克力慕斯倒在已凝固的焦糖慕斯上面。

3.抹平表面后入冰箱冷冻，淋上巧克力浆，再冷冻成形，用火枪加热模具边缘，脱模后装饰即可。

巧克力香蕉慕斯蛋糕

原料

巧克力饼底：奥利奥饼干屑90克，黄油45克。

巧克力慕斯：牛奶125毫升，香草粉5克，可可粉18克，蛋黄2个，白糖38克，巧克力35克，吉利丁片5克，淡奶油125克。

香蕉慕斯：蛋黄1个，白糖15克，牛奶30毫升，吉利丁片4克，香蕉浓汁35毫升，柠檬汁8毫升，淡奶油110克，香蕉酒适量。

巧克力饼底制作步骤

将奥利奥饼干屑和已融化的黄油混合，拌匀后压入模具底部，放入冰箱冷冻，备用。

巧克力慕斯制作步骤

1.将香草粉、可可粉和白糖混合均匀。

2.加入蛋黄拌匀，加入牛奶拌匀，加热煮至稠浓。

3.趁热加入巧克力搅拌至溶化。

4.加入已泡软的吉利丁片拌匀。

5.降温后加入已搅打至七分发的淡奶油拌匀。

6.倒入垫有巧克力饼底的模具中，放入冰箱冷冻。

巧克力香蕉慕斯蛋糕制作步骤

1.将香蕉慕斯原料中的蛋黄和5克白糖搅打至呈乳白色。

2.加入牛奶拌匀。

3.加热至稠状后熄火。

4.加入已泡软的吉利丁片拌匀。

5.香蕉浓汁中加入10克白糖煮沸，加入步骤4的混合物中拌匀。

6.加入柠檬汁拌匀。

7.加入香蕉酒拌匀。

8.加入已搅打至七分发的淡奶油拌匀，倒于已冻结的巧克力慕斯上面，抹平表面后冷冻成形，脱膜后装饰即可。

樱桃巧克力慕斯蛋糕

原料

樱桃蛋糕体（片）：樱桃果泥140克，奶油120克，盐4克，低筋面粉100克，全蛋340克，白糖90克，橘子汁30毫升，蛋白180克。

白巧克力慕斯：鲜奶油80克，香草粉50克，蛋黄32克，白糖10克，白巧克力85克，淡奶油250克，吉利丁片6克。

樱桃淋面：葡萄糖浆100毫升，吉利丁片12克，樱桃果泥50克，柠檬汁10毫升。

樱桃蛋糕体（片）制作步骤

1. 将40克樱桃果泥和奶油、盐一起煮沸至如卡士达馅一样的浓稠。

2. 慢慢加入全蛋拌匀，接着加入100克樱桃果泥、橘子汁、低筋面粉拌匀成面糊。

3. 将蛋白和白糖搅打至湿性发泡，和步骤2的面糊拌匀。

4. 倒入烤盘内，入炉隔水烘烤30分钟左右。

白巧克力慕斯制作步骤

1. 将香草粉和鲜奶油混合，拌匀后加热至50℃。

2. 加入已打散的蛋黄中，拌匀后加入白糖混合均匀，再加热至85℃。

3. 加入切碎的白巧克力拌匀。

4. 再加入已泡软的吉利丁片拌匀。

5. 降温后加入已搅打至七分发的淡奶油中拌匀，成白巧克力慕斯。

6. 倒入铺有樱桃蛋糕片，四边围有蛋糕皮的方形模具中至五分满。

7. 再铺上一块樱桃蛋糕片。

8. 再倒入剩余的白巧克力慕斯。

9. 抹平表面后放入冰箱冷冻成形，备用。

樱桃巧克力慕斯蛋糕制作步骤

1. 将樱桃淋面原料中的葡萄糖浆和樱桃果泥一起加热至60℃。

2. 加入已泡软的吉利丁片拌匀。

3. 加入柠檬汁拌匀。

4. 待冷却后倒在已冻结凝固的巧克力慕斯表面，冷冻成形后用火枪加热模具边缘，脱膜后装饰即可。

椰浆慕斯蛋糕

椰浆慕斯：白糖25克，椰浆49毫升，牛奶77毫升，吉利丁片8克，淡奶油125克，椰子酒5毫升。

凤梨慕斯：凤梨125克，牛奶125毫升，白糖33克，吉利丁片8克，淡奶油250克，马奶酒5毫升，金酒3毫升。

其他：巧克力蛋糕体、可可粉、糖粉各适量。

椰浆慕斯制作步骤

1.将白糖、椰浆、牛奶一起煮沸。　2.加入已泡软的吉利丁片拌匀。

3.降温后倒入已搅打至七分发的淡奶油中拌匀。　4.加入椰子酒拌匀。

5.倒入模具内，放入冰箱冷冻备用。　6.将已冷冻凝固的椰浆慕斯脱模，切成丁状，备用。

凤梨慕斯制作步骤

1.将凤梨打成泥后与牛奶、白糖一起煮沸。　2.加入已泡软的吉利丁片拌匀。

3.降温后加入已搅打至七分发的淡奶油中拌匀。　4.加入马奶酒、金酒拌匀，即成凤梨慕斯。

椰浆慕斯蛋糕制作步骤

 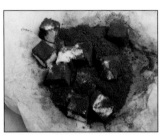

1.将可可粉、糖粉按1∶1的比例拌匀。　2.加入椰浆慕斯拌匀，备用。

3.将凤梨慕斯倒入垫有巧克力蛋糕体的模具中至五分满。　4.将步骤3的混合物倒于凤梨慕斯上作夹心。

5.再倒入剩余的凤梨慕斯。　6.抹平表面后放入冰箱，冷冻成形后用火枪加热模具边缘，脱模后装饰即可。

栗子蒙布朗

all natural
special
selected fresh
dessert

原料

栗子蛋糕体：巧克力10克，板栗蓉240克，蛋黄120克，全蛋150克，白糖135克，泡打粉6克，低筋面粉30克，食用油、鲜奶、盐、苏打粉、可可粉各适量。
其他：板栗蓉65克，牛奶125毫升，白糖50克，吉利丁片8克，淡奶油200克、巧克力饼干适量。

栗子蛋糕体制作步骤

1. 先将巧克力加热融化，加入食用油、鲜奶拌匀，再加入盐、苏打粉、可可粉拌匀。
2. 将蛋黄和全蛋打散，加入白糖，搅打至起发。
3. 将步骤1、步骤2的混合物拌匀，再加入泡打粉、低筋面粉拌匀，再加入板栗蓉拌匀。
4. 倒入烤盘，入炉以上火190℃、下火170℃烘烤20分钟。

栗子蒙布朗制作步骤

1. 将板栗蓉和白糖拌匀。
2. 分次加入牛奶拌匀。
3. 加入已泡软并隔水融化的吉利丁片拌匀。
4. 倒入搅打至五成发的淡奶油中拌匀成慕斯。

5. 倒入垫有板栗蛋糕体的模具中至五分满。
6. 中间放入巧克力饼干。
7. 再倒入剩余的慕斯。
8. 抹平表面后放入冰箱，冷冻成形后用火枪加热模具边缘，脱模后装饰即可。

加州樱桃慕斯蛋糕

原料

蛋糕体：蛋白250克，蛋黄300克，白糖150克，巧克力200克，牛奶130毫升，蜂蜜70克，白兰地20毫升，低筋面粉100克，奶油80毫升。
樱桃慕斯：樱桃果泥125克，白糖75克，柠檬汁10毫升，吉利丁片7克，淡奶油175克。
原味慕斯：蛋黄50克，牛奶125毫升，白糖25克，吉利丁片5克，淡奶油125克。
其他：樱桃汁适量。

 蛋糕体制作步骤

1. 将巧克力加热融化后，加入牛奶和奶油拌匀。

2. 加入蜂蜜、蛋黄、白兰地拌匀。

3. 加入已过筛的低筋面粉拌匀成面糊。

4. 将蛋白和白糖打至湿性发泡后，加入面糊中拌匀，入炉以上火180℃、下火160℃烘烤20分钟。

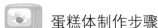 樱桃慕斯制作步骤

1. 将樱桃果泥和白糖混合，加热至白糖溶化。

2. 加入已泡软的吉利丁片拌匀。

3. 再加入柠檬汁拌匀。

4. 冷却后倒入已搅打至七分发的淡奶油中拌匀，即成樱桃慕斯。

 原味慕斯制作步骤

1. 将蛋黄和白糖拌匀。

2. 加入牛奶拌匀，煮至70℃左右。

3. 趁热加入已泡软的吉利丁片拌匀。

4. 倒入已搅打至七分发的淡奶油中拌匀，即成原味慕斯。

 加州樱桃慕斯蛋糕制作步骤

1. 将樱桃慕斯倒入铺有蛋糕体的模具中，放入冰箱冷冻。

2. 将原味慕斯倒入已经凝固的樱桃慕斯上面。

3. 抹平表面后放入冰箱，冷冻成形后在表面淋上樱桃汁，然后用火枪加热模具边缘，脱模后装饰即可。

酸奶奶酪慕斯蛋糕

原 料

酸奶慕斯：奶油奶酪190克，牛奶63毫升，酸奶60克，蛋白33克，白糖60克，吉利丁片6克，淡奶油75克。

巧克力杏仁慕斯：杏仁膏150克，白糖40克，奶油60克，鲜奶油70克，牛奶巧克力60克，黑巧克力35克，吉利丁片10克，君度酒20毫升，淡奶油250克。

夹层水果馅：樱桃果泥200克，白糖40克，吉利丁片12克，冷冻红莓100克，酸奶100克。

其他：巧克力蛋糕体1块。

酸奶慕斯制作步骤

1.将牛奶和30克白糖一起加热煮至50℃，加入已泡软的吉利丁拌匀。

2.加入已软化的奶油奶酪拌匀。

3.将蛋白打成意大利蛋白霜。将30克白糖和水起一煮至120℃后，加入意大利蛋白霜中，搅打至光亮。

4.加入步骤2的奶油奶酪中拌匀，加入酸奶、淡奶油拌匀。

5.倒入铺有巧克力蛋糕体的模具中，放入冰箱冷冻，备用。

巧克力杏仁慕斯制作步骤

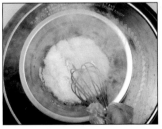 

1.将白糖煮至焦色。

2.加入已加热的奶油和鲜奶油拌匀。

3.加入杏仁膏拌匀，备用。

4.将牛奶巧克力和黑巧克力加热融化，加入已泡软的吉利丁片拌匀。

5.然后倒入步骤3的混合物中拌匀。

6.加入君度酒拌匀，加入已搅打至七分发的淡奶油，拌匀备用。

夹层水果馅制作步骤

 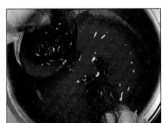

1.将樱桃果泥加热至40℃，加入酸奶、白糖和已泡软的吉利丁片拌匀。

2.加入冷冻红莓拌匀，备用。

酸奶奶酪慕斯制作步骤

1.将夹层水果馅倒在已凝固的酸奶慕斯上面，放入冰箱冷冻。

2.将巧克力杏仁慕斯倒在已经凝固的夹层水果馅上面。

3.抹平表面后放入冰箱，冷冻成形后用火枪加热模具边缘，脱膜后装饰即可。

红茶苹果慕斯蛋糕

原料

红茶蛋糕体：蛋黄385克，白糖375克，低筋面粉335克，红茶粉7.5克，牛奶100毫升，奶油150克，蛋白435克。

红茶慕斯：蛋黄34克，白糖86克，牛奶150毫升，红茶包2克，白兰地8毫升，淡奶油150克，蛋白50克，清水18毫升，吉利丁片10克。

青苹果慕斯：青苹果泥95克，白糖15克，柠檬汁6毫升，吉利丁片5克，淡奶油150克。

红茶蛋糕体制作步骤

1. 将蛋黄和175克白糖混合，搅拌至白糖溶化。
2. 加入红茶粉、牛奶、奶油及已过筛的低筋面粉，搅拌至面糊光亮顺滑，备用。
3. 将蛋白和200克白糖混合，搅打至湿性发泡。
4. 分三次加入步骤2的面糊中拌匀。
5. 倒入烤盘，入炉以上火200℃、下火180℃烘烤约20分钟。

9. 加入白兰地拌匀，即成红茶慕斯。

红茶慕斯制作步骤

 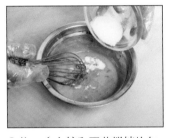

1. 将牛奶和红茶包一起煮至80℃，备用。
2. 将18克白糖和蛋黄搅拌均匀。

3. 加入步骤1的混合物拌匀。
4. 加入已泡软的吉利丁片拌匀，备用。

5. 将68克白糖和清水一起加热至118℃成糖水。
6. 加入已打发的蛋白中，快速搅拌至光亮。

7. 加入已搅打至七分发的淡奶油拌匀。
8. 加入步骤4的混合物拌匀。

青苹果慕斯制作步骤

1. 将青苹果泥、白糖、柠檬汁一起加热至40℃。
2. 加入已泡软的吉利丁片拌匀。

3. 倒入已搅打至七分发的淡奶油中拌匀，即成青苹果慕斯馅。

 红茶青苹果慕斯蛋糕制作步骤

1. 将红茶慕斯倒入铺有红茶蛋糕的模具中，抹平表面后放入冰箱冷冻。
2. 将青苹果慕斯馅倒在已冷冻凝固的红茶慕斯面上。

3. 抹平表面后放入冰箱，冷冻成形后用火枪加热模具边缘，脱模后装饰即可。

奶酪慕斯蛋糕

原料

饼干底：奶酪味饼干屑90克，黄油45克。

奶酪慕斯：奶油奶酪220克，牛奶130毫升，蛋黄45克，白糖90克，柠檬汁15毫升，淡奶油270克，吉利丁片11克。

水果冻：果冻粉4克，白糖20克，清水适量。

饼干底制作步骤

将芝士味饼干屑和已融化的黄油混合，拌匀后压入模具底部，放入冰箱冷冻，备用。

奶酪慕斯制作步骤

1.将牛奶、蛋黄、白糖拌匀，加热至85℃。

2.加入已泡软的吉利丁片拌匀。

3.加入柠檬汁拌匀。

4.倒入已隔水融化的奶油奶酪中拌匀。

5.加入已搅打至七分发的淡奶油中拌匀，即成奶酪慕斯。

水果冻制作步骤

1.将果冻粉和白糖拌匀。

2.加入清水拌匀。

3.用电磁炉加热至80℃后冷却，备用。

奶酪慕斯蛋糕制作步骤

1.将奶酪慕斯倒入铺有饼干屑的模具中至八分满，抹平表面后放入冰箱冷冻。

2.冷冻凝固后倒入已冷却的水果冻，再放入冰箱冷冻。

3.冷冻成形后用火枪加热模具边缘，脱模后装饰即可。

洋梨乌龙茶慕斯蛋糕

原料

布朗尼蛋糕体：巧克力100克，奶油100克，蛋黄2个，蛋白2个，白糖60克，核桃仁碎60克，高筋面粉45克。

其他：牛奶200毫升，白巧克力120克，乌龙茶10克，蛋黄50克，白糖25克，吉利丁片8克，淡奶油350克，洋梨丁200克

布朗尼蛋糕体制作步骤

1. 将蛋黄和白糖打发后，加入已融化的巧克力和奶油拌匀。
2. 加入已打发的蛋白拌匀。
3. 加入核桃仁碎和高筋面粉拌匀。
4. 倒入烤盘，入炉以190℃烘烤约20分钟即可。

 洋梨乌龙茶慕斯蛋糕制作步骤

1. 将牛奶与乌龙茶煮沸后过滤，做成奶茶。

2. 加入已泡软的吉利丁片拌匀，备用。

3. 将蛋黄和白糖混合，拌匀。

4. 加入步骤2的混合物拌匀。

5. 回锅煮至50℃，加入切碎的白巧克力，搅拌至白巧克力溶化。

6. 降温后加入已搅打至七分发的淡奶油中拌匀成乌龙茶慕斯。

7. 将乌龙茶慕斯倒入已垫有布朗尼蛋糕体的模具内至五分满。

8. 撒入一层洋梨丁作夹心。

9. 倒入剩余的乌龙茶慕斯并抹平表面，冷冻成形后用火枪加热模具边缘，脱模后装饰即可。

蓝莓慕斯蛋糕

原料

巧克力蛋糕体1块，乳脂奶油200克，吉利丁8克，牛奶100毫升，砂糖50克，
白兰地3毫升，蓝莓果馅、杨梅、开心果粉末、纸牌各适量。

制作步骤

1. 锅内倒入牛奶，加入砂糖搅拌。

2. 加热至45℃，搅拌至砂糖溶化，加入已用冰水泡软的吉利丁拌匀，备用。

3. 锅内放入已搅打至六分发的乳脂奶油，加入200克蓝莓果馅拌匀。

4. 分次加入步骤2的混合物拌匀。

5. 加入白兰地拌匀成蓝莓慕斯。

6. 用裱花袋把拌好的蓝莓慕斯挤入模具中，抹平表面，铺上1块跟模具大小一致的巧克力蛋糕体，放入 –10℃的冰箱冷冻4小时左右。

7. 将脱模的慕斯放在硬纸垫上，准备装饰。

8. 在慕斯表面挤上一层蓝莓果馅。

9. 再放上1颗杨梅。

10. 撒上开心果粉末，插上1张纸牌即可。

凤梨慕斯蛋糕

原 料

毛巾蛋糕体1块，菠萝果泥150克，牛奶100毫升，砂糖50克，吉利丁8克，乳脂奶油200克，金酒3毫升，透明果胶、菠萝、纸牌各适量。

制作步骤

1. 锅内倒入牛奶，加入砂糖搅拌。

2. 加热至45℃，搅拌至砂糖溶化，加入已用冰水泡软的吉利丁拌匀，备用。

3. 锅内放入已搅打至六分发的乳脂奶油，分次加入菠萝果泥拌匀。

4. 分次加入步骤2的混合物拌匀。

5. 加入金酒拌匀。

6. 倒入铺有毛巾蛋糕体的模具中，抹平表面，放入 –10℃的冰箱冷冻4小时左右。

7. 将冻好的慕斯切成6厘米×2.5厘米的长方块，放在硬纸垫上。

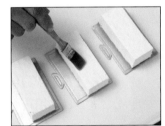

8. 在慕斯上面涂一层透明果胶。

9. 再放上菠萝。

10. 最后插上1张纸牌即可。

原 料

奶油夹心馅：牛奶100毫升，砂糖420克，蛋黄20克，玉米粉10克，吉利丁5克，奶油奶酪150克，乳脂奶油300克。

其他：沙卡蛋糕体1块，香橙切片、巧克力浆、粘有开心果碎的巧克力片、开心果碎、纸牌各适量。

奶油夹心馅制作步骤

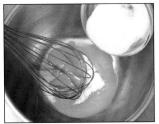

1. 锅中放入蛋黄，加入砂糖搅打至发白。

2. 加入玉米粉拌匀。

3. 加入牛奶，隔水煮至浓稠。

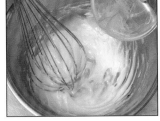

4. 加入已用冰水泡软的吉利丁拌匀。备用。

5. 锅中放入已软化的奶油奶酪，分次加入步骤4的混合物拌匀。

6. 加入已搅打至六分发的乳脂奶油，拌匀即成奶油夹心馅。

 沙卡香橙慕斯卷制作步骤

1. 在纸上放1块烤好的沙卡蛋糕体，在上表面均匀地抹一层夹心奶油馅。

2. 再均匀地放上香橙切片。

3. 用木棍辅助卷起，放入 -10℃的冰箱冷冻3小时左右。

4. 将冻好的沙卡香橙慕斯卷去掉卷纸，切掉两头边缘，放在玻璃盘上，准备装饰。

5. 在慕斯表面淋一层巧克力浆。

6. 在慕斯两边贴上粘有开心果碎的巧克力片。

7. 在慕斯上面撒上开心果碎，再插上1张纸牌。

8. 装饰完成。

糖水柳橙慕斯蛋糕

原料

巧克力蛋糕体1块，砂糖230克，水200毫升，柠檬汁9毫升，牛奶100毫升，浓缩橙汁15毫升，乳脂奶油200克，吉利丁7克，君度酒5毫升，橙皮、橙片、香橙果膏、糖水柳橙、巧克力片、枇杷、纸牌各适量。

制作步骤

1. 锅内倒入水，加入200克砂糖，煮至沸腾。

2. 加入4毫升柠檬汁拌匀。

3. 加入橙片煮至呈半透明状，备用。

4. 锅内倒入牛奶，加入浓缩橙汁拌匀。

5. 加入30克砂糖拌匀，加热至45℃，搅拌至砂糖溶化。

6. 加入已泡软的吉利丁拌匀，备用。

7. 锅内放入已搅打至六分发的乳脂奶油，加入橙皮拌匀。

8. 加入5毫升柠檬汁拌匀。

9. 分次加入步骤6的混合物拌匀。

11. 用裱花袋将拌好的慕斯挤入铺有蛋糕体的模具内至五分满，放入切成块的糖水柳橙，再将剩余的慕斯挤入模具中，抹平表面，放入－10℃的冰箱冷冻4小时左右。

12. 将脱模的慕斯放在硬纸垫上，准备装饰。

10. 加入君度酒拌匀，即成慕斯。

13. 在慕斯表面淋一层香橙果膏。

14. 在侧面围上巧克力片。

15. 在慕斯上表面放1块切半的枇杷，再插上1张纸牌。

16. 装饰完成。

黑森林慕斯蛋糕

原料

巧克力蛋糕体3块，乳脂奶油200克，砂糖50克，奶油奶酪50克，牛奶、黑樱桃、草莓、巧克力刮碎各适量。

制作步骤

1. 锅内放入奶油奶酪，隔水加热至软化，加入牛奶拌匀。

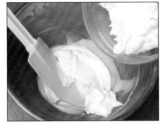

2. 加入适量已搅打至六分发的乳脂奶油拌匀，备用。

3. 将1块裁成圆形的巧克力蛋糕体放在转盘上，抹上一层步骤2的混合物。

4. 放上适量的黑樱桃。

5. 放上1块跟底部一样大的蛋糕体。

6. 抹上一层乳脂奶油，放上黑樱桃，再放1块一样大的蛋糕体。

7. 把蛋糕放在花边纸垫上。

8. 在蛋糕上面和侧面抹上乳脂奶油。

9. 在蛋糕上面和侧面粘上巧克力刮碎，入冰箱冷冻。

10. 将冷冻好的蛋糕切成三角形状的小件，再用牙嘴挤少许已打发好的乳脂奶油在上面。

11. 最后放上1块切半的草莓作装饰。

12. 装饰完成。

榴莲慕斯蛋糕

原料

巧克力蛋糕体2块，奶油奶酪100克，砂糖35克，酸奶50克，榴莲80克，吉利丁6克，乳脂奶油200克，柠檬汁2毫升，牛奶、透明果胶、巧克力浆、枇杷、巧克力棒、纸牌各适量。

制作步骤

1. 锅内倒入牛奶，加入砂糖搅拌。

2. 加热至45℃，搅拌至砂糖溶化，加入已用冰水泡软的吉利丁拌匀，备用。

3. 将榴莲放入量杯中，加入柠檬汁。

4. 用榨汁机榨成果泥，备用。

5. 将步骤2的混合物分次加入已软化的奶油奶酪中拌匀，备用。

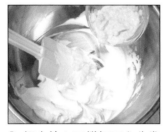

6. 锅内放入已搅打至六分发的乳脂奶油，加入步骤4的混合物拌匀。

7. 分次加入步骤5的混合物拌匀成慕斯。

8. 用裱花袋将拌好的慕斯挤入模具中至五分满，放入1块比模具小一圈的蛋糕体。

9. 将剩余的慕斯挤入模具内，放上1块跟模具大小一致的蛋糕体，封上保鲜膜，放入 –10℃的冰箱冷冻4小时左右。

10. 将脱模的蛋糕放在硬纸垫上，准备装饰。

11. 淋上透明果胶。

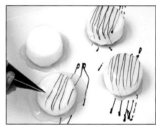

12. 画上巧克力线条。

13. 放上1颗枇杷。

14. 再放上1根巧克力棒，插上1张纸牌即可。

水果杂烩慕斯蛋糕

芒果布丁：芒果泥80克，芒果丁适量，砂糖15克，吉利丁10克，牛奶100克。

椰奶奶酪慕斯：椰奶100克，酸奶20克，砂糖30克，奶油奶酪100克，吉利丁5克，乳脂奶油200克。

其他：蛋糕体1块，粘有杏仁片的巧克力片、黑樱桃、开心果碎、纸牌各适量。

芒果布丁制作步骤

1. 锅中放入芒果泥，加入牛奶拌匀。

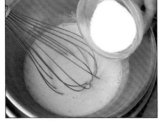

2. 加入砂糖，隔水煮至45℃，搅拌至砂糖溶化。

3. 加入已泡软的吉利丁拌匀。

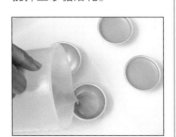

4. 倒入模具中至九分满。

5. 加入芒果丁，放入冰箱冷藏，备用。

椰奶奶酪慕斯制作步骤

1. 锅中放入椰奶，加入酸奶拌匀。

2. 加入砂糖，加热至45℃，搅拌至砂糖溶化，加入已泡软的吉利丁拌匀，备用。

3. 锅中放入已软化的奶油奶酪，分次加入步骤2的混合物拌匀，备用。

4. 锅中放入已搅打至六分发的乳脂奶油，分次加入步骤3的混合物拌匀，即成椰奶奶酪慕斯。

水果杂烩慕斯蛋糕制作步骤

1. 将椰奶奶酪慕斯倒入模具中至五分满，放入冻好的芒果布丁作夹心。

2. 再将剩余的慕斯挤入，铺上1块跟模具一样大小的蛋糕体，封上保鲜膜，放入-10℃的冰箱冷冻4小时左右。

3. 将脱模的蛋糕放在硬纸垫上，准备装饰。

4. 在侧面贴上粘有杏仁片的巧克力片。

5. 在上面放2颗黑樱桃。

6. 再撒上少许的开心果碎，插上1张纸牌。

7. 装饰完成。

猕猴桃慕斯蛋糕

原料

毛巾蛋糕体1块，蛋黄35克，砂糖30克，牛奶60毫升，玉米粉3克，吉利丁8克，猕猴桃60克，柠檬汁2毫升，乳脂奶油200克，君度酒3毫升，巧克力片、巧克力棒、纸牌各适量。

 制作步骤

1. 锅内倒入蛋黄，加入砂糖搅打至发白。

2. 加入玉米粉拌匀。

3. 加入牛奶拌匀。

4. 隔水煮至浓稠，加入已用冰水泡软的吉利丁拌匀，备用。

5. 把去皮的猕猴桃放入量杯中，加入柠檬汁。

6. 用榨汁机打成泥状，备用。

7. 锅内放入已搅打至六分发的乳脂奶油，加入步骤6的混合物拌匀。

8. 分次加入步骤4的混合物拌匀。

9. 加入君度酒拌匀，即成猕猴桃慕斯。

10. 用裱花袋把慕斯挤入模具中，抹平表面，铺上1块和模具大小一致的毛巾蛋糕体，再放入 −10℃的冰箱冷冻4小时。

11. 将脱模的蛋糕放在硬纸垫上，准备装饰。

12. 在侧面贴上巧克力片。

13. 在上面放1块切好的猕猴桃。

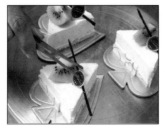

14. 再放上1根巧克力棒，插上1张纸牌，装饰即可。

芒果慕斯蛋糕

原 料

巧克力蛋糕体2块,芒果150克,柠檬汁2毫升,吉利丁8克,砂糖50克,牛奶80毫升,乳脂奶油200克,香橙果膏、巧克力棒、芒果丁、纸牌各适量。

制作步骤

1. 锅内倒入牛奶,加入砂糖搅拌。

2. 加热至45℃,搅拌至砂糖溶化,再加入已用冰水泡软的吉利丁拌匀,备用。

3. 将芒果榨成果泥,备用。

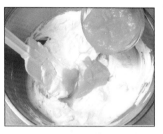

4. 锅中放入打至六分发的乳脂奶油,加入步骤3的果泥拌匀。

5. 分次加入步骤2的混合物拌匀。

6. 加入柠檬汁拌匀,即成芒果慕斯。

7. 用裱花袋将芒果慕斯挤入模具中至五分满,放上1块比模具小一圈的巧克力蛋糕体。

8. 挤入剩余的慕斯,铺上1块跟模具大小一致的蛋糕体,封上保鲜膜,放入−10℃的冰箱冷冻4小时左右。

9. 将脱模的蛋糕放在硬纸垫上,准备装饰。

10. 在表面淋一层香橙果膏。

11. 放上1颗芒果丁。

12. 放上1根巧克力棒。

13. 插上1张纸牌。

14. 装饰完成。

草莓白巧克力慕斯蛋糕

原料

蛋糕体3块，草莓120克，白巧克力150克，吉利丁7克，牛奶50毫升，乳脂奶油200克，朗姆酒5毫升，草莓果膏、巧克力配件、巧克力棒、纸牌各适量。

制作步骤

1. 锅中放入牛奶，加热至65℃，加入切碎的白巧克力搅拌至溶化。

2. 加入已用冰水泡软的吉利丁拌匀。

3. 加入已搅打至六分发的乳脂奶油拌匀。

4. 将草莓榨成果泥，加入步骤3的混合物中拌匀。

5. 加入朗姆酒拌匀，即成草莓白巧克力慕斯。

6. 将慕斯用裱花袋挤入铺有蛋糕体的模具中至五分满，放上1块比模具小一圈的蛋糕体。

7. 挤入剩余的慕斯，放上1块跟模具大小一致的蛋糕体，放入 –10℃的冰箱冷冻4小时左右。

8. 将脱模的蛋糕放在硬纸垫上，准备装饰。

9. 在表面淋一层草莓果膏。

10. 放上1个巧克力配件。

11. 放上1根巧克力棒，插上1张纸牌。

12. 装饰完成。

柠檬巧克力慕斯蛋糕

原 料

蛋糕体1块，蛋黄35克，砂糖20克，牛奶50毫升，柠檬汁50毫升，黑巧克力100克，吉利丁4克，乳脂奶油200克，纸牌1张，草莓、鲜奶油、可可粉、巧克力酱、巧克力配件各适量。

 制作步骤

1. 锅中放入蛋黄，加入砂糖搅打至发白。

2. 加入牛奶，加热煮至浓稠。

3. 加入切碎的黑巧克力，搅拌至溶化。

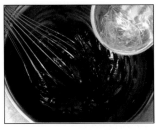

4. 加入已用冰水泡软的吉利丁拌匀。

5. 加入已搅打至六分发的乳脂奶油拌匀。

6. 加入柠檬汁拌匀，即成柠檬巧克力慕斯。

7. 将慕斯倒入铺有蛋糕体的模具中，放入 -10℃的冰箱冷冻 4 小时左右。

8. 将脱模的蛋糕放在硬纸垫上，准备装饰。

9. 用花嘴将已打发的鲜奶油挤在上面。

10. 筛上可可粉，挤上巧克力酱。

11. 放上巧克力配件。

12. 放上切半的草莓。

13. 插上纸牌。

14. 装饰完成。

樱桃慕斯蛋糕

原料

蛋糕体2块，黑樱桃100克，牛奶50毫升，砂糖25克，吉利丁6克，乳脂奶油200克，樱桃酒3毫升，黑樱桃果膏、巧克力片、巧克力配件、马卡龙饼干、纸牌各适量。

制作步骤

1. 将黑樱桃打成果泥，备用。

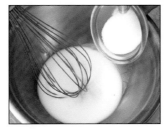

2. 锅内倒入牛奶，加入砂糖搅拌。

3. 加热至45℃，搅拌至砂糖溶化，加入已用冰水泡软的吉利丁拌匀，备用。

4. 锅内放入已搅打至六分发的乳脂奶油，加入步骤1的果泥拌匀。

5. 分次加入步骤3的混合物拌匀。

6. 加入樱桃酒拌匀，即成樱桃慕斯。

7. 用裱花袋将慕斯挤入模具中至五分满，放上1块比模具小一圈的蛋糕体。

8. 将剩余的慕斯挤入模具内，铺上1块跟模具大小一致的蛋糕体，封上保鲜膜，放入−10℃的冰箱冷冻4小时。

9. 将脱模的蛋糕放在硬纸垫上，准备装饰。

10. 在表面淋上黑樱桃果膏。

11. 在侧面贴上巧克力片。

12. 在上面放1个巧克力配件。

13. 再放上1块马卡龙饼干，插上1张纸牌。

14. 装饰完成。

香橙慕斯蛋糕

原 料

巧克力蛋糕体2块，牛奶30毫升，砂糖40克，香橙50克，橙皮屑4克，吉利丁8克，乳脂奶油200克，君度酒30毫升，橙皮屑、香橙块、巧克力配件、透明果胶、绿茶马卡龙饼干、纸牌各适量。

制作步骤

1. 将香橙去皮，打成果泥，备用。

2. 锅内倒入牛奶，加入砂糖搅拌。

3. 加热至45℃，搅拌至砂糖溶化，再加入已泡软的吉利丁拌匀，备用。

4. 锅内放入已搅打至六分发的乳脂奶油，加入步骤1的果泥拌匀。

5. 加入橙皮屑拌匀。

6. 分次加入步骤3的混合物拌匀。

7. 加入君度酒拌匀，即成香橙慕斯。

8. 用裱花袋将香橙慕斯挤入模具中至五分满，放上1块比模具小一圈的巧克力蛋糕体。

9. 挤入剩余的慕斯，铺上1块跟模具大小一致的蛋糕体，封好保鲜膜，放入 -10℃的冰箱冷冻4小时左右。

10. 将脱模的蛋糕放在硬纸垫上，准备装饰。

11. 在表面淋上一层透明果胶。

12. 放上1块香橙块。

13. 再放上1块绿茶马卡龙饼干。

14. 最后放上1个巧克力配件，插上1张纸牌即可。

草莓慕斯蛋糕

原 料

巧克力蛋糕体1块，蛋黄35克，砂糖20克，牛奶50毫升，草莓120克，吉利丁6克，乳脂奶油150克，草莓果膏、巧克力片、草莓、开心果、巧克力棒、纸牌各适量。

制作步骤

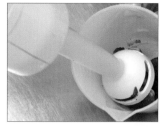
1. 将草莓榨成果泥，备用。

2. 锅内放入蛋黄，加入砂糖打至发白。

3. 加入牛奶拌匀，隔水煮至浓稠。

4. 加入已用冰水泡软的吉利丁拌匀，备用。

5. 锅内放入已搅打至六分发的乳脂奶油，加入步骤1的果泥拌匀。

6. 分次加入步骤4的混合物拌匀，即成草莓慕斯。

7. 用裱花袋将草莓慕斯挤入模具中，抹平表面。

8. 铺上1块跟模具大小一致的蛋糕体，放入 -10℃的冰箱冷冻4小时。

9. 将脱模的蛋糕放在硬纸垫上，准备装饰。

10. 在表面淋上一层草莓果膏。

11. 在侧面粘上巧克力片，在上面放上1块切半的草莓。

12. 再放上1根巧克力棒。

13. 放上1颗开心果，插上1张纸牌。

14. 装饰完成。

牛奶圣火杯

原料

牛奶20毫升，砂糖50克，吉利丁10克，乳脂奶油200克，草莓果酱25克，
酸奶、香橙果膏、意大利蛋白霜、巧克力配件、纸牌各适量。

制作步骤

1. 锅中放入牛奶，加入酸奶拌匀。

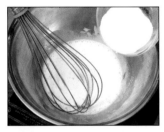

2. 加入砂糖，隔水加热至45℃，搅拌至砂糖溶化。

3. 加入已用冰水泡软的吉利丁拌匀。

4. 加入草莓果酱拌匀。

5. 加入已搅打至六分发的乳脂奶油拌匀，即成慕斯。

6. 将拌好的慕斯用裱花袋挤入模具中，抹平表面，放入 –10℃的冰箱冷冻 4 小时左右。

7. 将冷冻成形的慕斯取出，准备装饰。

8. 在慕斯表面淋上一层香橙果膏。

9. 用牙嘴将意大利蛋白霜挤在慕斯表面。

10. 用火枪烧一下，放上 1 个巧克力配件。

11. 插上 1 张纸牌。

12. 装饰完成。

青提巧克力果冻慕斯蛋糕

原料

巧克力慕斯：蛋黄30克，砂糖40克，牛奶100毫升，吉利丁5克，白巧克力150克，乳脂奶油200克，朗姆酒2毫升。

其他：巧克力蛋糕体1块，砂糖150克，吉利丁15克，青提丁、清水各适量。

制作步骤

1. 锅中放入蛋黄，加入40克砂糖，搅打至发白。

2. 加入牛奶拌匀，隔水煮至浓稠。

3. 加入切碎的白巧克力，搅拌至白巧克力溶化。

4. 加入已用冷水泡软的5克吉利丁拌匀。

5. 加入已搅打至六分发的乳脂奶油拌匀。

6. 加入朗姆酒拌匀，即成巧克力慕斯。

7. 将巧克力慕斯用裱花袋挤入铺有蛋糕体的模具中至五分满，抹平表面，放入冰箱冷冻4小时左右。

8. 在冷冻好的慕斯表面撒上青提丁。

9. 将清水和150克砂糖，加热至45℃，搅拌至砂糖溶化，加入已用冷水泡软的15克吉利丁拌匀，冷却后倒在步骤8的慕斯上面。

10. 放入冰箱冷冻凝固，脱模后装饰即可。

红酒奶酪慕斯蛋糕

原料

毛巾蛋糕体1块，奶油奶酪150克，砂糖30克，红酒50毫升，乳脂奶油250克，吉利丁8克，巧克力配件、黑樱桃、纸牌各适量。

制作步骤

1. 锅中放入已软化的奶油奶酪，加入砂糖，隔水加热搅拌至砂糖溶化。

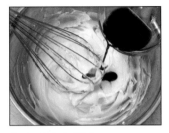

2. 加入红酒拌匀。

3. 加入已用冰水泡软的吉利丁拌匀。

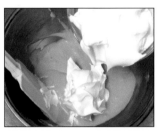

4. 加入已搅打至六分发的乳脂奶油拌匀，即成慕斯。

5. 将拌好的慕斯用裱花袋挤入铺有蛋糕体的模具中，放入 -10℃的冰箱冷冻 4 小时左右。

6. 将脱模的蛋糕放在硬纸垫上，准备装饰。

7. 在蛋糕上面放上 1 个巧克力配件。

8. 再放上 1 颗黑樱桃。

9. 插上 1 张纸牌。

10. 装饰完成。

椰子巧克力慕斯蛋糕

原 料

巧克力蛋糕体1块，白巧克力150克，牛奶50毫升，椰浆30克，吉利丁5克，乳脂奶油200克，椰子酒3毫升，巧克力酱、草莓、纸牌各适量。

制作步骤

1. 锅内倒入牛奶，加热至65℃，加入白巧克力搅拌至溶化。

2. 加入已用冰水泡软的吉利丁拌匀，备用。

3. 锅内放入已搅打至六分发的乳脂奶油，加入椰浆拌匀。

4. 分次加入步骤2的混合物拌匀。

5. 加入椰子酒拌匀，即成巧克力慕斯。

6. 用裱花袋将巧克力慕斯挤入铺有蛋糕体的模具中，抹平表面，放入 -10℃的冰箱冷冻4小时。

7. 将脱模的蛋糕放在硬纸垫上，准备装饰。

8. 在蛋糕表面淋上一层白巧克力酱。

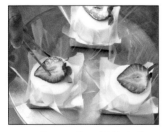

9. 将淋好面的蛋糕放在裁好的四方形软围边纸上，放上1块切半的草莓。

10. 插上1张纸牌，装饰完成。

香草巧克力慕斯蛋糕

原　料

巧克力蛋糕体1块，牛奶100克，乳脂奶油270克，砂糖30克，香草粉5克，白巧克力200克，吉利丁6克，鲜奶油、草莓、开心果粉、巧克力碎、纸牌各适量。

制作步骤

1. 锅中放入牛奶，加入70克乳脂奶油拌匀。

2. 加入砂糖，加热至45℃，搅拌至砂糖溶化。

3. 加入切碎的白巧克力搅拌至溶化，加入已用冷水泡软的吉利丁拌匀，再加入香草粉拌匀，备用。

4. 锅中放入已搅打至六分发的200克乳脂奶油，分次加入步骤3的混合物拌匀，即成慕斯。

5. 将拌好的慕斯倒入铺有蛋糕体的模具中，抹平表面，放入－10℃的冰箱冷冻4小时左右。

6. 将脱模的蛋糕放在纸垫上，准备装饰。

7. 用花嘴将已打发的鲜奶油挤在蛋糕表面，呈螺旋的圆球状，放上切半的草莓。

8. 撒入开心果粉，中间放入巧克力碎。

9. 插上1张纸牌。

10. 装饰完成。

酸奶草莓果冻慕斯蛋糕

原 料

酸奶慕斯：蛋黄35克，砂糖20克，牛奶50毫升，酸奶150克，吉利丁8克，乳脂奶油150克。

其他：蛋糕体1块，砂糖60克，吉利丁15克，清水、草莓片各适量。

 制作步骤

1. 锅中放入蛋黄，加入 20 克砂糖，搅打至发白。

2. 加入牛奶拌匀，隔水煮至浓稠。

3. 加入已用冷水泡软的 8 克吉利丁拌匀。

4. 加入酸奶拌匀。

5. 加入已搅打至六分发的乳脂奶油拌匀，即成慕斯。

6. 将拌好的慕斯倒入铺有蛋糕体的模具中至五分满，抹平表面，放入冰箱冷冻 4 小时左右。

7. 在冷冻好的蛋糕表面撒上草莓片。

8. 将清水和 60 克砂糖加热至 45℃，搅拌至砂糖溶化，加入已用冷水泡软的 15 克吉利丁拌匀，冷却后倒在步骤 7 的蛋糕上面。

9. 放入冰箱冷冻凝固，脱模后装饰即可。

蜜桃果冻慕斯蛋糕

原料

蜜桃慕斯：奶油奶酪100克，砂糖30克，蜜桃果蓉100克，吉利丁5克，乳脂奶油150克。
其他：巧克力蛋糕体1块，蜜桃丁150克，砂糖50克，吉利丁17克，清水适量。

制作步骤

1. 锅中放入蜜桃果蓉，加入30克砂糖，隔水加热至45℃，搅拌至砂糖溶化。

2. 加入已用冷水泡软的5克吉利丁拌匀，备用。

3. 锅中放入已软化的奶油奶酪，分次加入步骤2的混合物拌匀。

4. 加入已搅打至六分发的乳脂奶油拌匀，即成慕斯。

5. 将拌好的慕斯倒入铺有蛋糕体的模具中至八分满，放入 –10℃的冰箱冷冻4小时左右。

6. 在冷冻好的蛋糕表面撒上蜜桃丁。

7. 将水和50克砂糖加热至45℃，搅拌至砂糖溶化，加入已用冷水泡软的17克吉利丁拌匀，然后倒在蛋糕上。

8. 放入冰箱冷冻，凝固成形后脱模即可。

香蕉慕斯蛋糕

原　料

毛巾蛋糕体2块，香蕉200克，柠檬汁3毫升，吉利丁10克，砂糖35克，牛奶100毫升，乳脂奶油250克，透明果胶、苹果片、巧克力棒、纸牌各适量。

制作步骤

1. 锅内倒入牛奶，加入砂糖搅拌。

2. 加热至45℃，搅拌至砂糖溶化，加入已用冰水泡软的吉利丁拌匀，备用。

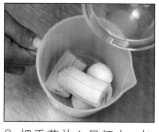

3. 把香蕉放入量杯中，加入柠檬汁。

4. 将步骤3的混合物用榨汁机榨成泥状，备用。

5. 锅内放入已搅打至六分发的乳脂奶油，加入步骤4的混合物拌匀。

6. 分次加入步骤2的混合物拌匀，即成慕斯。

7. 用裱花袋把慕斯挤入模具中至五分满，放入1块比模具大小小一圈的蛋糕体。

8. 再挤入剩余的慕斯，抹平表面，铺上1块与模具大小一致的蛋糕体，封上保鲜膜，放入 -10℃的冰箱冷冻4小时左右。

9. 将脱模的蛋糕放在硬纸垫上，准备装饰。

10. 在蛋糕表面挤上透明果胶。

11. 插上扇形的苹果切片。

12. 放上1根巧克力棒，插上1张纸牌，装饰完成。

香蕉慕斯杂烩果冻

原料

香蕉慕斯：香蕉泥100克，柠檬汁5毫升，牛奶30毫升，砂糖15克，
吉利丁6克，乳脂奶油150克。
其他：巧克力蛋糕体1块，砂糖50克，吉利丁17克，香蕉丁、猕猴
桃丁、草莓丁各适量。

制作步骤

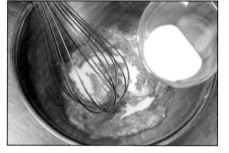

1. 锅中放入香蕉泥，加入牛奶拌匀。

2. 加入 15 克砂糖，隔水加热至 45℃，
搅拌至砂糖溶化。

3. 加入已用冷水泡软的6克吉利丁拌匀。

4. 加入已搅打至六分发的乳脂奶油
拌匀。

5. 加入柠檬汁拌匀，即成香蕉慕斯。

6. 将香蕉慕斯倒入铺有蛋糕体的模具
中至五分满，抹平表面，放入 −10℃的
冰箱冷冻 4 小时左右。

7. 在冷冻好的蛋糕表面撒上香蕉丁、
猕猴桃丁、草莓丁。

8. 将清水和 50 克砂糖加热至 45℃，
搅拌至砂糖溶化，加入已用冷水泡软的
17 克吉利丁拌匀，冷却后倒在步骤 7
的蛋糕上。

9. 放入冰箱冷冻凝固，脱模后装饰即可。

绿茶柠檬果冻慕斯

原料

绿茶慕斯：蛋黄30克，砂糖20克，牛奶50毫升，绿茶粉4克，吉利丁6克，乳脂奶油150克。

其他：砂糖50克，吉利丁15克，清水、柠檬汁、柠檬片各适量。

 制作步骤

1. 锅中放入蛋黄，加入20克砂糖，打至发白。

2. 加入绿茶粉拌匀。

3. 加入牛奶拌匀，隔水煮至浓稠。

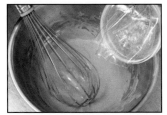

4. 加入已用冷水泡软的6克吉利丁拌匀。

5. 加入已搅打至六分发的乳脂奶油拌匀，即成绿茶慕斯。

6. 将绿茶慕斯用裱花袋挤入模具中至五分满，抹平表面，放入冰箱冷冻4小时左右。

7. 将清水、柠檬汁、50克砂糖一起加热至45℃，搅拌至砂糖溶化，加入已用冰水泡软的15克吉利丁，拌匀后倒在冷冻好的慕斯上。

8. 放入冰箱冷冻，凝固成形后在表面放入柠檬片，再稍作装饰即可。

牛奶芒果果冻慕斯蛋糕

原料

牛奶慕斯：蛋黄35克，砂糖20克，牛奶50毫升，吉利丁5克，乳脂奶油150克。
其他：蛋糕体1块，芒果泥150克，砂糖50克，吉利丁15克。

制作步骤

  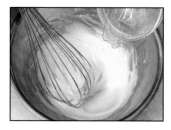 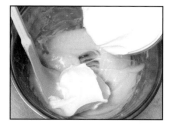

1. 锅中放入蛋黄，加入20克砂糖，搅打至发白。

2. 加入牛奶拌匀，隔水煮至浓稠。

3. 加入已用冰水泡软的5克吉利丁拌匀。

4. 加入已搅打至六分发的乳脂奶油拌匀，即成牛奶慕斯。

5. 将牛奶慕斯倒入铺有蛋糕体的模具中至五分满，抹平表面，放入冰箱冷冻4小时左右。

6. 将芒果泥和50克砂糖加热至45℃，搅拌至砂糖溶化，加入已用冰水泡软的15克吉利丁拌匀，冷却后倒在冷冻好的蛋糕上面。

7. 放入冰箱冷冻，取出后装饰即可。

樱桃巧克力慕斯蛋糕

原料

白巧克力慕斯：牛奶80毫升，白巧克力100克，蛋黄40克，砂糖20克，玉米粉4克，吉利丁8克，乳脂奶油200克，香槟酒适量。

樱桃夹心：奶油奶酪100克，牛奶30毫升，樱桃泥30克，吉利丁6克，乳脂奶油100克，砂糖30克。

其他：巧克力蛋糕体1块，纸牌1张，香槟酒、砂糖、鲜奶油、香橙果膏、巧克力配件、草莓、开心果碎适量。

白巧克力慕斯制作步骤

1. 锅中放入蛋黄，加入适量砂糖搅打至发白。

2. 加入玉米粉拌匀。

3. 加入牛奶，隔水煮至浓稠。

4. 加入切碎的白巧克力，拌搅至溶化。

5. 将香槟酒和适量砂糖加热至 40℃，加入步骤 4 的混合物中，再加入已用冰水泡软的吉利丁拌匀。

6. 加入已搅打至六分发的乳脂奶油拌匀，即成白巧克力慕斯。

樱桃夹心制作步骤

1. 锅中放入牛奶，加入樱桃泥拌匀。

2. 加入砂糖，加热至 45℃，搅拌至砂糖溶化。

3. 加入已用冰水泡软的吉利丁拌匀。

4. 将步骤 3 的混合物分次加入已软化的奶油奶酪中拌匀。

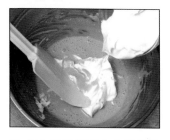

5. 加入已搅打至六分发的乳脂奶油拌匀，即成樱桃夹心。

樱桃巧克力慕斯蛋糕制作步骤

1. 将白巧克力慕斯挤入垫有巧克力蛋糕体的模具中至五分满，用裱花袋将樱桃夹心挤在白巧克力慕斯表面作夹心。

2. 挤入剩余的白巧克力慕斯，抹平表面，放入 −10℃的冰箱冷冻 4 小时左右。

3. 将脱模的蛋糕放在硬纸垫上，准备装饰。

4. 将香槟酒和砂糖加热至 40℃，加入已打发的鲜奶油中，然后在蛋糕表面挤出旋涡形，再挤上香橙果膏。

5. 在蛋糕表面放上巧克力配件。

6. 放上切半的草莓，撒上开心果碎，插上 1 张纸牌即可。

朗姆酒风味慕斯蛋糕

原　料

巧克力蛋糕体1块，牛奶巧克力100克，草莓酱50克，
朗姆酒12毫升，吉利丁5克，乳脂奶油120克，巧克力
酱，白巧克力浆、纸牌各适量。

 制作步骤

1. 锅中放入牛奶巧克力，隔水加热至融化，加入草莓酱拌匀。

2. 加入已用冰水泡软的吉利丁拌匀。

3. 加入已搅打至六分发的乳脂奶油拌匀。

4. 加入朗姆酒拌匀，即成慕斯。

5. 将慕斯用裱花袋挤入铺有蛋糕体的模具中，抹平表面，放入 -10℃的冰箱冷冻 4 小时左右。

6. 将脱模的蛋糕放在硬纸垫上，准备装饰。

7. 在蛋糕表面淋上一层巧克力酱。

8. 再用浓稠的白巧克力浆画上波浪纹。

9. 插上 1 张纸牌。

10. 装饰完成。

草莓酸奶慕斯蛋糕

慕斯：草莓果泥100克，冷开水45毫升，白糖30克，吉利丁片15克，酸奶150克，柠檬皮1个，蛋白100克。

其他：蛋糕片2片，草莓果泥50克，冷开水50毫升，白糖20克，吉利丁片5克，手指饼干、新鲜水果各适量。

🎬 制作步骤

1. 将100克草莓果泥、冷开水和30克白糖一起煮至白糖溶解。

2. 加入已泡软的15克吉利丁片，放至冷却后再加入酸奶拌匀。

3. 加入切碎的柠檬皮拌匀。

4. 将蛋白搅打至湿性发泡，加入步骤3的混合物中拌匀，即成草莓酸奶慕斯。

5. 将手指饼干围在模具内侧，先放1片蛋糕片，注入一半慕斯，再放入1片蛋糕片，注入剩余的慕斯，然后放入冰箱冷冻凝固。

6. 将50克草莓果泥、冷开水和20克白糖一起煮沸，加入已泡软的5克吉利丁片拌匀，稍冷却后淋在蛋糕表面，待凝结后装饰上水果即可。

绿茶开心果慕斯蛋糕

原料

绿茶蛋糕体适量，开心果50克，鲜奶80毫升，奶油120克，绿茶粉11克，吉利丁片5克，白糖35克，冷水65毫升。

制作步骤

1. 将吉利丁片用冷水泡软并煮至溶化，加入白糖搅拌至溶解，备用。

2. 将奶油打发，加入鲜奶拌匀。

3. 加入绿茶粉拌匀。

4. 加入开心果碎拌匀。

5. 加入步骤1的吉利丁水拌匀，即成绿茶开心果慕斯。

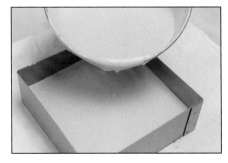

6. 在模具底部铺上蛋糕体，倒入一半慕斯，再铺第二层蛋糕体，然后倒入剩余的慕斯，放入冰箱冷冻凝固后装饰即可。

水蜜桃果冻慕斯

原料

果冻：吉利丁片5克，冷开水100毫升，水蜜桃汁70毫升，水蜜桃适量，白糖适量。

其他：水蜜桃110克，白糖50克，水蜜桃汁100毫升，吉利丁片4片，冷开水200毫升，鲜奶油200克，樱桃1颗。

果冻制作步骤

1.将吉利丁片与白糖放入锅内，再加入冷开水及水蜜桃汁，边煮边搅拌，至吉利丁片及白糖完全溶化，即为果冻液。

2.将水蜜桃切成片状，铺排在6英寸的圆模内，果冻液稍降温后慢慢倒入模型内，放凉凝固备用。

水蜜桃果冻慕斯制作步骤

1.将100毫升水蜜桃汁与50克白糖放入锅内，煮至白糖溶化即关火，放入已泡软的4片吉利丁片，搅拌至完全溶化。

2.再加入已用搅拌机打成泥的水蜜桃泥拌匀，降温后成水蜜桃糊，备用。

3.将鲜奶油搅打至七分发，用橡皮刮刀舀出1/3的量，与水蜜桃糊拌匀，再加入剩余的鲜奶油拌匀，即成慕斯。

4.将慕斯倒在已凝固的果冻上，并将表面抹平，冷藏2小时，脱模后放上1颗樱桃即可。

蓝莓酸奶慕斯

原料

蛋黄60克，吉利丁片5克，原味酸奶120克，柠檬汁20毫升，鲜奶油200克，蓝莓酱50克，白糖45克，蓝莓适量。

 制作步骤

1.将蛋黄打发至呈鹅黄色，再缓缓倒入已煮至融化的白糖，用电动打蛋器以中慢速搅拌均匀。

2.倒入柠檬汁拌匀。

3.加入已泡软的吉利丁片，改用中快速搅打至微温。

4.加入酸奶拌匀。

5.分次加入已打发的鲜奶油拌匀，加入蓝莓酱，并用刮刀略拌几下，使其呈现大理石纹。

6.倒入模具杯中，放入冰箱冷冻。

7.凝固后取出，用蓝莓装饰即可。

玫瑰花瓣慕斯

原料

蛋糕体适量，奶油奶酪300克，酸奶150克，蜂蜜25克，李子200克，玫瑰花瓣、纸牌各适量。

制作步骤

1.先将奶油奶酪的水分滤去，再加入蜂蜜拌匀。

2.加入酸奶拌匀。

3.加入李子拌匀，再倒入心形模具中，上面铺上一层蛋糕体，冷藏1小时后成形。将慕斯取出并倒扣在盘上，撒上玫瑰花瓣，插上纸牌即可。

杏树慕斯

原料

打卦滋：杏仁粉140克，糖粉140克，低筋面粉60克，蛋白225克，白糖65克。
奶油馅：柳橙汁260毫升，柳橙皮1/2个，白糖80克，蛋黄4个，玉米粉30克，
奶油195克，康图酒20毫升，杏桃干120克。
其他：蛋糕体1块。

 制作步骤

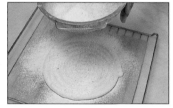

1.打卦滋的制作：将白糖和蛋白打发，加入低筋面粉、糖粉和杏仁粉拌匀。

2.挤成圆形，在表面撒上糖粉。

3.再挤成圆花形，撒上糖粉，入炉以180℃烘烤10分钟。

4.奶油馅的制作：将蛋黄、适量白糖和玉米粉混合，加入已软化的奶油和康图酒拌匀，备用。

5.将柳橙汁、柳橙皮和适量白糖煮沸，加入奶油糊拌匀，即成奶油馅。

6.把蛋糕体铺在模具上，倒入奶油馅，摆上杏桃干，盖上圆花形打卦滋蛋糕皮，冷藏后脱模并装饰即可。

白巧克力薰衣草慕斯

原料

巧克力甜饼：杏仁粉42克，可可粉4克，糖粉35克，柠檬皮1个，白糖14克，蛋白51克。

白巧克力薰衣草慕斯：牛奶100毫升，薰衣草鲜花7克，蛋黄50克，吉利丁片4克，白巧克力60克，鲜奶油133克，樱桃果酱适量。

巧克力甜饼制作步骤

1.将杏仁粉、可可粉、糖粉、柠檬皮混合，备用。

2.将蛋白和白糖打发成泡沫细致的蛋白霜，分2次加入步骤1的混合物中，但须避免泡沫消失。

3.用花嘴将面糊挤在烤盘上，入炉以170℃烘烤11分钟，晾凉备用。

白巧克力薰衣草慕斯制作步骤

1.将牛奶与薰衣草鲜花煮沸后，再煮4~5分钟，过滤，备用。

2.将蛋黄打发后，加入步骤1的混合物中拌匀。

3.加入已泡软的吉利丁片和白巧克力，搅拌至所有物质都溶化。

4.冷却至35~40℃，加入已搅打至七分发的鲜奶油拌匀，即成白巧克力薰衣草慕斯。

5.将大块巧克力甜饼放入模具内，倒入一半白巧克力薰衣草慕斯。

6.放入樱桃果酱，然后倒入剩下的慕斯，抹平表面，冷冻成形，脱模后装饰即可。

蓝莓巧克力慕斯

巧克力松饼：蛋白 25 克，白糖 25 克，蛋黄 25 克，低筋面粉 260 克，可可粉 3 克。

蓝莓沙司：蓝莓果泥 33 克，糖粉 5 克。

巧克力慕斯：牛奶 13 毫升，巧克力 43 克，蛋黄 13 克，全蛋 18 克，鲜奶油 67 克。

巧克力松饼制作步骤

1.将蛋白和白糖搅打成蛋白霜。

2.取 1/3 蛋白霜与蛋黄拌匀，筛入低筋面粉与可可粉，拌匀后倒入剩下的蛋白霜中，拌匀后倒入模具，烘烤 18 分钟。

蓝莓沙司制作步骤

将蓝莓果泥与糖粉混合，倒入模具后入冰箱冷藏。

巧克力慕斯制作步骤

1.将牛奶与巧克力加热溶解，加入已打发的蛋黄与全蛋拌匀。

2.冷却后倒入已打发的鲜奶油中拌匀，即成巧克力慕斯。

蓝莓巧克力慕斯制作步骤

1.模具内放入巧克力松饼，挤入1/3的巧克力慕斯。

2.放入蓝莓沙司，再挤入剩下的慕斯，冷藏凝固后脱模并装饰即可。

其他蛋糕
Other Cake

摩卡富奇蛋糕

原 料

奶油185克，香草粉10克，白糖270克，全蛋4个（蛋黄与蛋白分开），低筋面粉98克，可可粉23克，酸奶169克，咖啡15克，沸水15毫升，摩卡糖衣适量。

制作步骤

1.将奶油、香草粉和1/2的白糖混合，搅打至呈浓稠状。

2.分次加入蛋黄，继续搅拌至呈浓稠状。

3.加入已过筛的低筋面粉、可可粉与酸奶、咖啡、沸水拌匀。

4.将蛋白和剩下的白糖混合，搅打至柔软光滑时，分次加入步骤3的混合物中拌匀。

5.倒入垫好锡纸的模具中，入炉以180℃烘烤约45分钟，取出晾凉后淋上摩卡糖衣，稍作装饰即可。

焦糖香蕉

原 料

香蕉4根，黄油15克，白糖30克，柠檬汁30毫升，朗姆酒适量。

制作步骤

1.在平底锅里放入黄油，用小火煮至融化，加入白糖，用大火煮至呈淡焦色。

2.将香蕉剥皮后摆入平底锅中，一面摇动平底锅，一面使香蕉整体煎成淡焦色。

3.待香蕉表面软化后淋上朗姆酒，倾斜平底锅，继续加热使酒精蒸发。最后在香蕉表面均匀淋上柠檬汁，盛出后装饰即可。

红茶洋梨马芬

奶油60克，白糖60克，全蛋2个，低筋面粉260克，红茶叶10克，低脂牛奶200毫升，洋梨100克。

 制作步骤

1. 将奶油和白糖一起打发，加入全蛋拌匀。

2. 将低筋面粉过筛后与红茶叶混合，再加入步骤1的混合物中拌匀。

3. 加入低脂牛奶拌匀。

4. 将新鲜或罐装洋梨切成丁，加入步骤3的混合物中拌匀。

5. 用汤匙将面糊装入高温纸杯中，入炉以200℃烘烤15分钟即可。

洋梨夏荷露特

原料

牛奶200毫升，香草粉2克，蛋黄3个，白糖100克，吉利丁片12克，洋梨250克，洋梨酒、带状手指饼、糖浆、透明果胶各适量。

制作步骤

1.将适量洋梨切成1厘米长的正方丁，加入洋梨酒拌匀，备用。

2.将蛋黄和白糖混合，搅拌至呈微白，加入拌了香草粉的牛奶拌匀。

3.加入已泡软的吉利丁片拌匀成奶油馅。

4.取带状手指饼放入模具的底部和四周，并在底部刷上糖浆。

5.挤入一半步骤3的奶油馅。

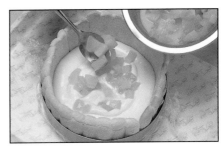

6.加入泡好的适量洋梨丁，放入抹了糖浆的手指饼，再倒入剩余奶油馅，放入剩余的洋梨丁，放平后冷藏。脱模后摆上切成对半的洋梨，涂上透明果胶即可。

杏仁提子蛋糕

原 料

四方蛋糕1片，三角形威化饼、杏仁片、提子、火龙果球、白色奶油、绿色奶油各适量。

 制作步骤

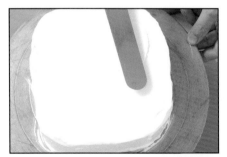

1.在四方蛋糕表面抹上白色奶油。

2.挤上绿色奶油。

3.在四周粘上三角形威化饼。

4.撒上杏仁片。

5.放上提子和火龙果球即可。

香芒恋曲蛋糕

原料

圆形蛋糕2片，水果球1颗，奶油、芒果片、威化饼各适量。

制作步骤

1.在圆形蛋糕表面抹上奶油。

2.放上芒果块，盖上另外一片圆形蛋糕。

3.在表面抹上奶油。

4.在蛋糕侧面围上一圈芒果片。

5.然后挤上一圈奶油。

6.放上威化饼。

7.中间再放上1颗水果球即可。

雪利酒蛋糕

原料

卡斯达克林姆：蛋黄50克，白糖72克，低筋面粉25克，牛奶250毫升，香草粉5克，鲜奶油200克。

其他：蛋糕体、雪利酒、鲜奶油、覆盆子果酱、椰丝、猕猴桃、水蜜桃、提子、樱桃各适量。

 制作步骤

1.卡斯达克林姆的制作：在容器中放入蛋黄、50克白糖搅拌至发白，加入低筋面粉拌匀，备用。

2.将牛奶和香草粉一起煮至45℃左右。

3.倒入步骤1的混合物中拌匀，边用中火煮边搅拌，直至浓稠。

4.加入22克白糖与已打发好的鲜奶油拌匀。

5.杯内铺入蛋糕体，倒入雪利酒，抹上覆盆子果酱。

6.依次铺入卡斯达克林姆、各种水果、已搅打至起泡的鲜奶油、椰丝，最后稍作装饰即可。

香蕉雪纺蛋糕

原料

蛋黄100克，蛋白150克，白糖130克，低筋面粉140克，发酵粉3克，香蕉2根半，柠檬汁15毫升，盐1小匙，水80克，食用油80克，鲜奶油300克，朗姆酒15毫升。

制作步骤

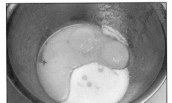

1.把蛋黄、白糖和盐混合，充分搅拌至呈雪白顺滑状。

2.加入柠檬汁拌匀。

3.加入压成泥状的香蕉和80克水，搅拌至呈柔顺感。

4.倒入食用油和朗姆酒拌匀。

5.加入已过筛并拌匀的低筋面粉和发酵粉拌匀。

6.加入已打发好的蛋白拌匀。

7.倒入模具中，入炉以180℃烘烤40分钟左右，冷却脱模后装饰即可。

达当苹果塔

 原料

低筋面粉200克，黄油100克，全蛋1个，盐1克，苹果8个，白糖100克，柠檬汁、干粉、香草糖、肉桂粉各适量。

 制作步骤

1.将低筋面粉、盐、5克白糖一起过筛，然后在中间加入适量黄油拌匀。

2.加入全蛋、柠檬汁拌匀，不可搓太久，以免面团起筋。

3.面团做好后压平，包上保鲜膜，静置冷藏1小时。

4.苹果去皮，切开，取出苹果芯。

5.锅内放入已融化的黄油，加入80克白糖煮至焦糖色，倒入苹果，撒入香草糖、肉桂粉，用小火煮至苹果着色。

6.苹果表面呈焦糖色后倒在钢架上，让多余的汁液滴落。

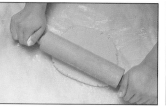

7.在工作台撒上干粉，把面团擀开。

8.用模具压出圆形并切割。

9.面皮表面用叉子叉出气孔，以200℃烘烤至表面着色。

10.将苹果放入模具内，以200℃烘烤。烤好后将苹果倒扣在塔皮上，将多余的塔皮去掉。

11.均匀撒上15克白糖，用火枪烧热至呈焦糖色即可。

原料

奶油奶酪250克，鲜奶油200克，白糖120克，伯爵红茶茶包12克（6袋），全蛋3个，低筋面粉30克，柠檬汁10毫升，全麦饼干100克，黄油45克。

红茶奶酪蛋糕

制作步骤

1.将全麦饼干装入密封袋中，用擀面棍擀碎。

2.加入已融化的黄油，混合均匀，然后倒入模具里铺平，备用。

3.将奶油奶酪放入盆里，用打蛋器慢慢地搅拌，然后加入白糖，搅拌均匀。

4.分次加入全蛋拌匀，一次加1个。

5.加入鲜奶油拌匀。

6.慢慢加入柠檬汁拌匀。

7.加入低筋面粉拌匀。

8.把面糊用滤网过滤，把红茶液连同茶叶一起倒进去，搅拌均匀。

9.把面糊倒入模具中，放进烤箱，以180℃烘烤60分钟左右，待冷却后，将整个模具放进冰箱冷藏2~3小时，最后将蛋糕切成3厘米宽的长条状即可。

奶酱烤水果

 制作步骤

1.将蛋黄与白糖混合，用打蛋器搅拌至变白。

2.加入已搅打至五分发的鲜奶油拌匀，备用。

3.将水果去皮，切片，放入烤盘内。

4.上面淋上步骤2的混合物，入炉以220℃烘烤15分钟即可。

原 料

蛋黄50克，白糖25克，鲜奶油50克，香蕉1~2根，猕猴桃1个，橙子1/3个，苹果1/4个。

果仁蛋糕

原料

全蛋250克，白糖140克，食用油185毫升，蛋糕粉200克，黄油150克，泡打粉7克，苏打粉2克，盐4克，葡萄干60克，巧克力、核桃仁、糖粉各适量。

制作步骤

1.将模具内侧刷上黄油（未在原料中列出），备用。

2.把全蛋和白糖拌匀，搅拌至白糖溶化。

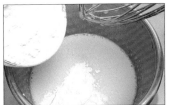

3.加入蛋糕粉、泡打粉、苏打粉、盐，拌匀。

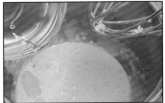

4.慢慢加入食用油拌匀。

5.加入葡萄干，用塑料刮刀拌匀。

6.装入裱花袋，挤入已准备好的模具内至约八分满。

7.入炉以上火170℃、下火150℃烘烤20分钟。

8.出炉晾凉后脱模。

9.在表面装饰上巧克力、核桃仁，撒上糖粉即可。

卡惹瓦都斯苹果

久贡面糊：杏仁粉90克，糖粉90克，低筋面粉25克，全蛋3个，蛋白80克，白糖15克，奶油15克。

卷烟面糊：黄油20克，糖粉20克，蛋白20克，低筋面粉18克，可可粉4克。

其他：青苹果泥250克，吉利丁片10克，苹果酒25毫升，蛋白30克，白糖60克，鲜奶油170克，樱桃果馅、糖浆各适量。

卷烟面糊制作步骤

1.将黄油、糖粉混合拌匀。

2.慢慢加入蛋白拌匀，再加入已过筛的低筋面粉、可可粉，搅拌至无颗粒状。

3.均匀地抹在不粘布上，并画出花纹。

久贡面糊制作步骤

1.将杏仁粉、糖粉、低筋面粉过筛后混合，分次加入全蛋，搅拌至面糊发白，备用。

2.将奶油与少量步骤1的混合物混合，备用。

3.将蛋白与白糖搅打成蛋白霜，加入剩余的步骤1的混合物中搅匀。

4.加入步骤2的混合物拌匀，避免泡沫消失，即成久贡面糊。

5.将久贡面糊倒入卷烟面糊上面，入炉以180℃烘烤10～15分钟。

卡惹瓦都斯苹果制作步骤

1.将1/3青苹果果泥隔热水加热，放入已泡软的吉利丁片，再加入剩余的青苹果果泥拌匀，用冰水降温后加入苹果酒拌匀，备用。

2.将用蛋白与白糖搅打成的意大利蛋白霜分2次加入鲜奶油中，再与步骤1的混合物拌匀，即成青苹果慕斯。

3.蛋糕冷却后，一部分切成3.5厘米长的长条，放入圆形模具内围边，然后中间放一层蛋糕，刷上糖浆，倒入一半青苹果慕斯，加入樱桃果馅，再盖上一层蛋糕，倒入剩余的青苹果慕斯，抹平表面后冷冻成形，脱模后装饰即可。

蓝莓蛋糕

黄油100克，全蛋190克，清水50毫升，淡奶油25毫升，泡打粉9克，蛋糕粉250克，蓝莓果馅80克，白糖适量。

 制作步骤

1.将黄油、115克白糖搅拌至微发。

2.慢慢加入全蛋拌匀。

3.再加入清水拌匀。

4.加入淡奶油拌匀。

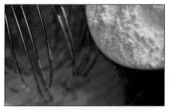

5.加入蛋糕粉、泡打粉拌匀。

6.再加入蓝莓果馅拌匀成面糊。

7.将面糊装入已经刷过黄油（未在原料中列出）的模具内至约八分满。

8.放进烤炉，以上火165℃、下火150℃烘烤25分钟。

9.待冷却后，在表面撒上白糖作装饰即可。

水果蛋糕卷

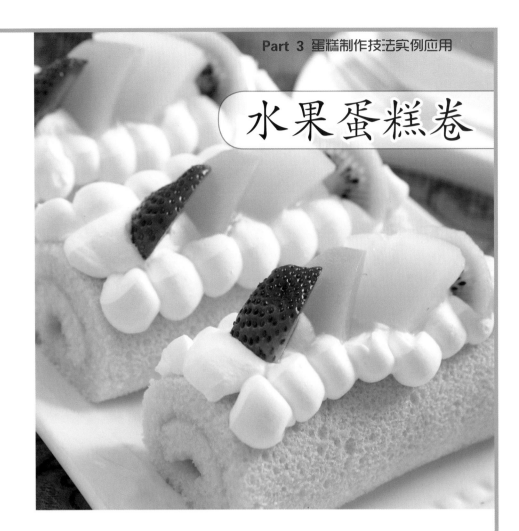

原料

白糖 220 克，蛋糕粉 110 克，面包粉 80 克，盐 3 克，全蛋 10 个，泡打粉 2 克，黄油 25 克，清水 100 毫升，食用油 100 克，果馅、鲜奶油、装饰水果各适量。

制作步骤

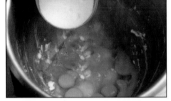

1. 把全蛋和白糖拌匀，搅拌至白糖溶化。

2. 加入蛋糕粉、面包粉、盐、泡打粉拌匀。

3. 加入黄油拌匀，然后打发。

4. 慢慢加入清水拌匀。

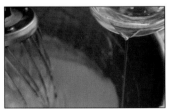

5. 加入食用油拌匀。

6. 倒入烤盘，抹平表面后入炉，以上火 170℃、下火 150℃烘烤约 30 分钟。

7. 出炉，备用。

8. 在烤好的蛋糕表面均匀涂抹果馅。

9. 卷起，呈圆筒状，静置成形。

10. 切成大小适当的段。

11. 在表面均匀挤上鲜奶油。

12. 摆上已切好的水果作装饰即可。

夏日柠檬

原料

清水250毫升，奶油250克，白糖200克，吉士粉25克，蛋糕粉400克，奶香粉10克，泡打粉10克，蛋黄400克，蛋白900克，塔塔粉、柠檬果酱各适量。

制作步骤

1.将清水、奶油、适量白糖拌匀。

2.加入吉士粉、蛋糕粉、奶香粉、泡打粉拌匀。

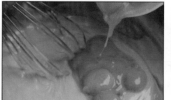

3.加入蛋黄拌匀成面糊，备用。

4.将蛋白、剩余的白糖、塔塔粉快速打发至湿性发泡。

5.然后与步骤3的面糊拌匀。

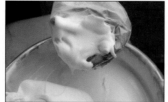

6.装入裱花袋中。

7.挤入备好的模具内。

8.入炉，以上火170℃、下火150℃烘烤约30分钟。

9.出炉，脱模后在表面均匀涂抹柠檬果酱即可。

酸奶奶酪杯

 制作步骤

原料

奶油奶酪150克，吉利丁片5克，酸奶150克，牛奶100毫升，白糖70克，康图酒5毫升，香草精1克，柚子酱50克，薄荷叶适量。

1.在锅中放入牛奶及白糖，以中火加热至白糖溶化后熄火，趁热放入已泡软的吉利丁片搅拌至溶化，备用。

2.把奶油奶酪打软，加入酸奶、康图酒、香草精拌匀。

3.加入步骤1的混合物拌匀。

4.倒入杯中，放入冰箱，冷冻成形后取出，在表面淋上柚子酱及摆上薄荷叶作装饰即可。

泡芙肉松蛋糕

原 料

泡芙皮：牛奶120毫升，奶油100克，清水120毫升，蛋糕粉125克，鸡蛋200克。
蛋糕体：清水250毫升，奶油250克，白糖550克，吉士粉25克，蛋糕粉400克，奶香粉10克，泡打粉10克，蛋黄400克，蛋白900克，色拉酱适量。
其他：色拉酱、肉松各适量。

泡芙皮糊制作步骤

1.将牛奶、清水、奶油煮沸。

2.加入蛋糕粉搅拌均匀。

3.慢慢加入全蛋，搅拌均匀成泡芙皮糊。

蛋糕体制作步骤

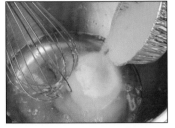

1.将清水、奶油、白糖拌匀。

2.加入吉士粉、蛋糕粉、奶香粉、泡打粉拌匀。

3.加入蛋黄拌匀成面糊，备用。

4.把蛋白、白糖、塔塔粉快速打发至湿性发泡。

5.然后与步骤3的面糊拌匀。

6.倒入烤盘内，刮平表面，入炉以上火170℃、下火150℃烘烤25分钟。

7.在烤好的蛋糕表面均匀涂抹色拉酱，卷起。

泡芙肉松蛋糕制作步骤

1.将泡芙皮糊装入裱花袋中。

2.均匀地挤在蛋糕卷的表面。

3.入炉以上火200℃、下火180℃烘烤5分钟。

4.出炉后切成大小适当的段。

5.在蛋糕两边涂抹色拉酱，粘上肉松即可。

椰果芒果布丁

 **原料**

芒果果肉160克，吉利丁片25克，椰果150克，白糖120克，清水400毫升，芒果冰淇淋120克，鲜奶油40克。

 **制作步骤**

1.将白糖与清水一起煮至白糖溶解，趁热加入已泡软的吉利丁片搅拌至溶化。

2.待冷却降温后，加入芒果果肉与芒果冰淇淋拌匀。

3.加入鲜奶油和椰果拌匀。

4.倒入玻璃水杯中，冷冻约2小时至凝固，然后稍作装饰即可。

双层芒果奶酪蛋糕

原料

吉利丁片11克，奶油奶酪165克，鲜芒果500克，芒果酱90克，牛奶80毫升，白糖45克，清水65毫升，甜奶油、蛋糕体各适量。

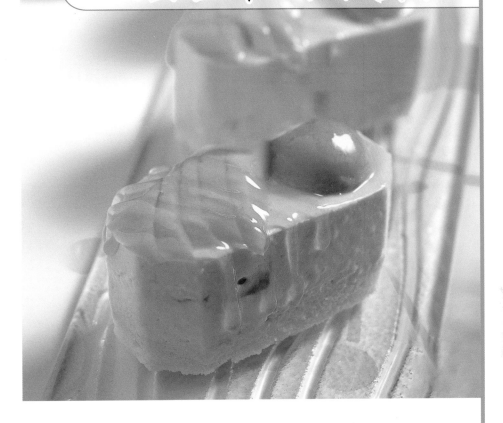

制作步骤

1.将奶油奶酪隔热水融化，搅打至细滑。

2.分3次加入牛奶拌匀备用。

3.将新鲜芒果去皮，其中200克切成粒和片备用，剩下300克打成泥状，加入步骤2的混合物搅拌均匀，备用。

4.将清水、已泡软的吉利丁片、白糖一起煮至白糖溶化，放凉备用。

5.将110克甜奶油打发，倒入步骤3的混合物搅拌均匀。

6.加入放凉的吉利丁糖水，搅拌均匀，即成芒果奶酪糊。

7.在模具内铺一层蛋糕体，倒入一半芒果奶酪糊，撒上芒果粒，再铺上一层蛋糕片，倒入剩余的芒果奶酪糊，再抹上一层甜奶油，放冰箱冷冻40分钟后取出。

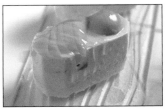

8.用芒果酱和鲜芒果片装饰即可。

火焰石

原料

黑巧克力500克，牛奶200毫升，炼乳35克，吉利丁片100克，鲜奶油550克，糖粉、水果、香菜、果胶、巧克力片各适量。

制作步骤

注：将相应原料按学到的方法制作好牛奶慕斯和巧克力慕斯。

1.把煮好的牛奶慕斯挤入长条马蹄形模具里，约1/3满，放入冰箱冷冻。

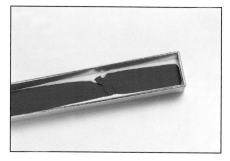
2.冷冻后取出，放入一片长方形的黑巧克力片。

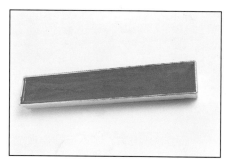
3.挤入巧克力慕斯至全满，抹平表面，放入冰箱冷冻。

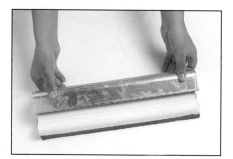
4.冷冻成形后取出，用加热的方式脱模。

5.用稍浸热水的刀将蛋糕切成小件，放上黑巧克力叶片，在叶片上筛上糖粉。

6.放上水果、香菜，在水果表面刷上透明果胶，最后插上巧克力片作装饰即可。

杏仁牛奶果冻

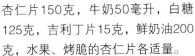

原料

杏仁片150克，牛奶50毫升，白糖125克，吉利丁片15克，鲜奶油200克，水果、烤脆的杏仁片各适量。

制作步骤

1. 将牛奶倒入锅内，加入白糖，边用中火加热边搅拌。

2. 煮沸后离火，加入杏仁片，用铝箔纸盖住5分钟，过滤。

3. 趁热加入已泡软的吉利丁片拌匀。

4. 隔冰水搅拌使其冷却，即成牛奶糊，备用。

5. 将鲜奶油搅打至六分发，取1/4的量加入牛奶糊中充分拌匀，再加入1/4的量拌匀，最后将剩余的量全部加入拌匀。

6. 分2～3次倒入模具内，冷冻成形。用热水温数秒钟后倒扣脱模，摆上水果与烤脆的杏仁片作装饰即可。

葡萄雨滴

原料

绿葡萄300克，利丁片12克，奶酪125克，柠檬汁10毫升，白葡萄酒10毫升，鲜牛奶80毫升，鲜奶油120克，白糖、清水各适量。

制作步骤

1.将奶酪隔热水加热并搅拌，分次加入鲜牛奶、白糖拌匀，备用。

2.将100克绿葡萄榨汁，过滤后加热至40℃或50℃，加入柠檬汁搅拌至冷却，加入白葡萄酒拌匀，倒入步骤1的混合物中拌匀。

3.加入已搅打至七分发的鲜奶油拌匀，备用。

4.将吉利丁片、白糖和清水煮成吉利丁片糖水，放凉至45℃，取部分倒入步骤3的混合物中拌匀。

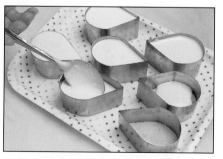

5.倒入雨滴形模具内，晾凉至凝固。

6.将200克绿葡萄铺在表面，再倒入适量吉利丁片糖水，最后装饰即可。

水果面包布丁

原料

牛奶500毫升，白糖100克，蛋黄60克，全蛋2个，朗姆酒100毫升，酒渍水果干100克，葡萄干100克，面包5个，杏桃果胶200克，糖粉、香草粉各适量。

杏桃淋酱：杏桃酱300克，糖粉30克，樱桃酒30毫升。

制作步骤

1.在模具内侧涂抹已软化的黄油(未在原料中列出)，撒入白糖(未在原料中列出)。

2.将面包切成丁，放进烤盘内，在面包丁上筛上糖粉。

3.放入烤箱，以200℃烘烤5~6分钟至呈金黄色，备用。

4.锅内倒入牛奶，加入50克白糖及香草粉，以中火加热至沸腾，同时用搅拌器搅拌，过滤后静置。盆内放入全蛋、蛋黄及剩余的白糖，搅拌至发白，倒入牛奶混合物中，加入朗姆酒拌匀，再次过滤，备用。

5.将面包丁、葡萄干和适量酒渍水果干放入模具内。

6.将步骤4的混合物倒入模具中至五分满，用汤匙轻轻将面包丁和水果干压入至完全浸没，再次倒入步骤4的混合物至模具全满，再用汤匙轻轻压面包丁和水果干。

7.入炉，隔热水以180℃烘烤约15分钟，冷却后移至冰箱冰冻，成形后取出，用小刀将模具边缘划开，脱模，在表面涂抹杏桃果胶。将所有制作杏桃淋酱的原料充分拌匀，放入盘内增加风味即可。

211

提拉米苏

原料

鲜奶油250克，蛋黄80克，白糖50克，蜂蜜50克，吉利丁片10克，马斯卡邦奶酪500克，咖啡粉30克，热开水250毫升，朗姆酒45毫升，手指饼干10片，可可粉适量。

制作步骤

1.准备模具。

2.底部铺一片手指饼干，在上面刷上用咖啡粉、热开水、朗姆酒调制的咖啡汁，备用。

3.将蛋黄与白糖放入大盆中，隔水加热打发至呈乳白色。

4.离开火源，加入蜂蜜拌匀，加入已用冷水泡软的吉利丁片搅拌至溶化。

5.加入马斯卡邦奶酪拌匀。

6.再倒入鲜奶油，继续拌匀成奶酪糊。

7.适量加一点咖啡汁调味。

8.用裱花袋把奶酪糊挤入模具中至八分满，放入冰箱冷冻3～4小时，成形后撒上可可粉作装饰即可。

巴伐利亚红茶奶冻

原料

蛋黄60克，白糖100克，牛奶400毫升，红茶叶15克，吉利丁片15克，鲜奶油200克，柳橙利口酒15毫升，克林姆酱汁、杏仁酱适量。

制作步骤

1.将蛋黄和白糖放入盆中，搅打至发白，备用。

2.将牛奶加热，倒入已用冷水泡软的吉利丁片拌匀。

3.倒入步骤1的混合物中拌匀。

4.煮至呈浓稠状。

5.加入红茶叶拌匀。

6.过筛，加入柳橙利口酒、克林姆酱汁和杏仁酱拌匀。

7.加入已搅打至七分发的鲜奶油拌匀，倒入模具后冷冻成形，脱模后装饰即可。

牛奶巧克力冻切饼

原 料

蛋糕片2片，奶油奶酪125克，蛋黄80克，淡奶油125克，吉利丁片10克，鲜奶油500克，炼乳25克，巧克力慕斯、巧克力果胶、香菜、杏仁、巧克力配件各适量。

 制作步骤

1. 把奶油奶酪、蛋黄、淡奶油隔水加热至溶化。

2. 加入已泡软的吉利丁片，加热煮至溶化。

3. 隔冰水降温。

4. 加入已打发好的鲜奶油拌匀。

5. 加入炼乳拌匀。

6. 拌匀后成牛奶慕斯，备用。

7. 将巧克力慕斯挤在慕斯圈内，厚约3厘米，放入冰箱冷冻。

8. 放1片约1厘米厚的蛋糕片在另一慕斯圈内，挤上约2厘米厚的牛奶慕斯。

9. 将凝固好的巧克力慕斯脱模，放在步骤8的慕斯圈内。

10. 再挤入一层牛奶慕斯。

11. 在表面放1片蛋糕片。

12. 然后挤满牛奶慕斯，抹平表面，放入冰箱冷冻。

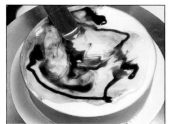

13. 凝固后取出，在表面挤上巧克力果胶，用抹刀抹平表面。

14. 脱模。

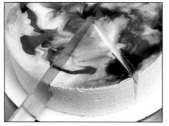

15. 把蛋糕切成三角形小件。

16. 挤上奶油(未在原料中列出)，放上香菜、杏仁、巧克力配件作装饰即可。

潘那可达

原料

鲜奶油540克，牛奶270毫升，白糖190克，吉利丁片20克，白兰地50毫升，热水50毫升。

制作步骤

1.锅里放入鲜奶油、牛奶和90克白糖，边用小火煮边用刮刀搅拌，使白糖溶解。

2.倒入已用冷水泡软的吉利丁片拌匀。

3.加入白兰地搅拌，直到略呈浓稠状，白兰地的量可依喜好加减，然后过筛。

4.倒入模具中，放入冰箱冷冻40~50分钟至凝固，取出后淋上由100克白糖和热水制成的焦糖糖浆即可。

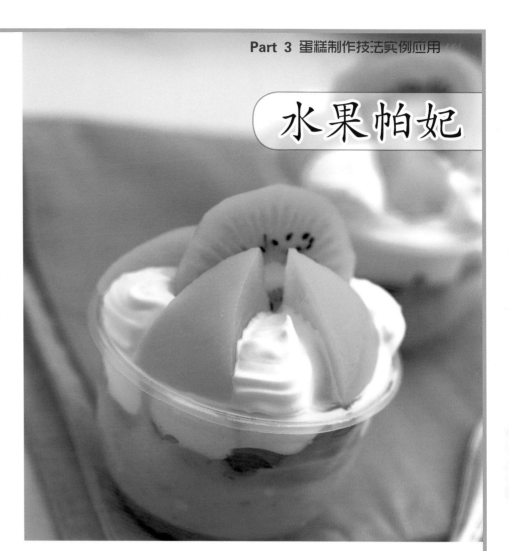

水果帕妃

原料

海绵蛋糕体 1 片，香蕉 150 克，鲜奶油 100 克，酒糖液 60 毫升，卡士达酱 300 克，多种水果罐头各适量。
装饰：鲜奶油 100 克，白糖 20 克，香草精 3 克，新鲜水果适量。

制作步骤

1.在卡士达酱中加入已打发好的鲜奶油拌匀，加入打碎的香蕉泥拌匀，即成香蕉卡士达酱，备用。

2.将蛋糕体放入模具中，表面涂抹一层酒糖液。

3.加入香蕉卡士达酱，冷藏。

4.略微凝固后，加入各种水果罐头。

5.倒入加有白糖和香草精并已打发好的鲜奶油，最后用新鲜水果装饰即可。

橘子葡萄柚奶酪

原料

奶油奶酪250克，鲜奶油200克，炼乳100克，原味酸奶50克，吉利丁片5克，葡萄柚2个，橘子2个，薄荷叶适量。

制作步骤

1.将奶油奶酪放入盆里，用打蛋器慢慢地搅拌，加入炼乳搅拌均匀。

2.加入已搅打至八分发的鲜奶油拌匀。

3.加入原味酸奶拌匀，备用。

4.将已泡软的吉利丁片加热，煮至溶化，倒入步骤3的混合物中拌匀，再用过滤网过滤成奶酪糊。

5.将一半奶酪糊倒入模具中，再将1个葡萄柚和1个橘子的肉瓣交互排放在上面，然后倒入剩余的奶酪糊，放进冰箱冷冻3～4小时至凝固，脱模后把剩余的葡萄柚和橘子肉瓣交互排放在上面，最后用薄荷叶作装饰即可。

核桃蛋糕

原料

面团：低筋面粉300克，黄油150克，糖粉150克，蛋黄4个，香草粉适量

内馅：巧克力100克，白糖400克，鲜奶油200克，黄油200克，核桃仁400克。

其他：巧克力果胶200克。

面团制作步骤

1.在软化的黄油中加入香草粉、蛋黄，再加入糖粉搅拌至无颗粒状，然后拌入周围已过筛的低筋面粉。

2.揉至面团表面光滑，然后用保鲜膜将面团包住，放入冰箱冷藏约30分钟。

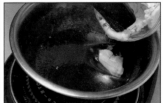

3.熄火后分次加入已软化的黄油拌匀。

4.加入切碎的核桃仁拌匀，倒入浅盘中，冷藏至凝固。

内馅制作步骤

1.将巧克力加热，分次加入白糖煮至呈焦糖状。

2.表面有泡泡时慢慢加入已加热的鲜奶油拌匀。

核桃蛋糕制作步骤

1.先将2/3的面团擀至2～3毫米厚，放在模具上面，并切掉四周多余的部分。用手指将侧面面皮紧紧地贴住模具内侧，放入内馅，其高度不要超出模具，用汤匙将内馅整平。

2.将剩余的面团擀至4毫米厚，盖在内馅上，去掉多余的部分，以180℃烘烤至呈金黄色。烤好后不脱模，放置24小时后再翻面脱模，放到网架上，表面淋上巧克力果胶并抹平，稍作装饰即可。

旋转舞台蛋糕

原　料

圆形蛋糕1个，小点心、猕猴桃片、其他各式水果、饼干、白色奶油、黄色奶油、粉色奶油、果酱各适量。

制作步骤

1.在圆形蛋糕表面上抹上一层白色奶油。

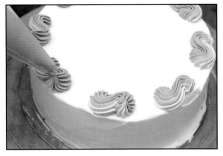

2.在上面挤上一圈黄色和粉色的双色奶油花。

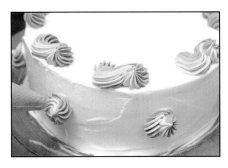

3.蛋糕侧面也挤上双色奶油花。

4.在侧面的奶油花上放上小点心。

5.蛋糕中间放上一圈猕猴桃片。

6.再挤上一圈黄色奶油。

7.放上其他各式水果和饼干。

8.倒上适量的果酱。

9.最后放上小点心即可。

鸳鸯蛋糕

原 料

圆形蛋糕1个，小点心、葡萄、猕猴桃片、饼干、苹果、
白色奶油、黄色奶油、粉色奶油、绿色奶油各适量。

制作步骤

1.在一个抹好白色奶油的圆形蛋糕上面
及侧面挤上黄色和粉色的双色奶油花，
再在侧面的奶油花上放上小点心。

2.在蛋糕上面两朵奶油花中间放上葡萄。

3.然后在蛋糕上面放一圈猕猴桃片。

4.在蛋糕侧面粘上一圈饼干。

5.在蛋糕中间挤上绿色奶油。

6.将苹果切成一对鸳鸯的形状。

7.将苹果鸳鸯放在蛋糕中间即可。

情迷黑森林蛋糕

原料

圆形蛋糕1个，巧克力、奶油各适量。

制作步骤

1.在蛋糕表面抹上奶油，然后将已煮至融化的巧克力淋在上面。

2.用抹刀抹平。

3.待巧克力凝固。

4.然后挤上一圈一圈的奶油。

5.用竹签做好造型。

6.在蛋糕侧面粘上碎巧克力即可。

火舞艳阳蛋糕

原料

圆形蛋糕1个，樱桃番茄、猕猴桃、芒果、白色奶油、淡红色奶油各适量。

制作步骤

1. 在圆形蛋糕表面抹上白色奶油。

2. 中间挤上一圈奶油花。

3. 用抹刀在蛋糕侧面抹出花纹。

4. 在蛋糕上面放上一圈樱桃番茄。

5. 在蛋糕中间放上猕猴桃、芒果，侧面粘上一圈猕猴桃片。

6. 在蛋糕上面边缘挤上淡红色奶油即可。

红莲怒放蛋糕

原料

方形蛋糕1个,饼干条4条,猕猴桃、小馒头、白色
奶油、黄色奶油、红色奶油、果酱各适量。

 制作步骤

1.在方形蛋糕表面抹上白色奶油。

2.在蛋糕四个角挤上黄色奶油花纹。

3.然后在四个侧面挤上同样的花纹。

4.在蛋糕上面放上4条饼干条,呈菱形
摆放。

5.在黄色奶油花纹边倒上果酱。

6.在蛋糕中间用红色奶油挤出红莲的
图案。

7.再放上猕猴桃。

8.最后在侧面粘上小馒头即可。

激情鸟巢蛋糕

原 料

圆形蛋糕2片，碎巧克力条、饼干、巧克力奶油、
橙色奶油各适量。

制作步骤

1.取1片蛋糕，在上面抹上巧克力奶油。

2.再盖上 1 片蛋糕。

3.然后抹上巧克力奶油。

4.在上面边缘挤上橙色奶油。

5.挤成线条的样子。

6.在中间放上碎巧克力条。

7.最后在蛋糕侧面粘上饼干即可。

咖啡冰淇淋蛋糕

原 料

蛋黄300克，白糖200克，清水8毫升，香草冰淇淋1块，即溶咖啡
30克，吉利丁片20克，鲜奶油800克，水蜜桃、菠萝、猕猴桃、香
蕉、巧克力酱、透明果胶、巧克力配件、糖粉各适量。

制作步骤

1. 把 50 毫升清水、白糖拌匀，加热。

2. 加热至 110℃左右，备用。

3. 蛋黄用打蛋器搅打发至白。

4. 加入步骤 2 的糖水继续打发均匀。

5. 加入已搅打至七分发的鲜奶油拌匀。

6. 搅拌中不要消泡，备用。

7. 把 30 毫升清水加热，加入即溶咖啡拌搅至溶化。

8. 加入已用冰水泡软的吉利丁片，煮至溶化。

9. 加入步骤6的混合物中拌匀。

10. 倒入塑料盒中，放入冰箱冷冻成咖啡冰淇淋。

11. 在碟中放上水蜜桃、菠萝、猕猴桃和香蕉。

12. 挤上少许巧克力酱，放入咖啡冰淇淋。

13. 在水果面上挤上透明果胶。

14. 放上巧克力配件，筛上糖粉。

15. 用调羹挖 1 块香草冰淇淋放在咖啡冰淇淋上面。

16. 挤上巧克力线装饰即可。

巧克力冰淇淋蛋糕

原料

牛奶300克,吉利丁片15克,软质巧克力300克,巧克力酱100克,蛋黄60克,鲜奶油400克,水果、糖粉、巧克力酱、香菜、透明果胶、酥块各适量。

 制作步骤

1. 先将牛奶加热,再加入已用冰水泡软的吉利丁片煮至溶化。

2. 趁热加入切碎的巧克力搅拌至溶解。

3. 加入巧克力酱拌匀。

4. 加入蛋黄拌匀。

5. 隔冰水降温,继续搅拌至呈黏稠状。

6. 加入已搅打至七分发的鲜奶油拌匀。

7. 倒入塑料盒中,放入冰箱冷冻1~2小时,制成冰淇淋。

8. 切1块长方形的酥块,放在碟上。

9. 取出冷冻好的巧克力冰淇淋,用挖球器挖出3个冰淇淋球放在酥块边角上。

10. 用调羹挖1块大冰淇淋块放在酥块上,再放1块小长方形酥块在冰淇淋上面。

11. 在小酥块上筛上糖粉。

12. 周围放上各式水果。

13. 在小冰淇淋球上挤上巧克力酱。

14. 加入少许香菜作点缀,在水果面上挤一层透明果胶即可。

图书在版编目（CIP）数据

蛋糕技法 / 孙杰编著. —杭州：浙江科学技术
出版社，2017.7
ISBN 978-7-5341-7481-0

Ⅰ.①蛋… Ⅱ.①孙… Ⅲ.①蛋糕－制作Ⅳ.
①TS213.2

中国版本图书馆CIP数据核字(2017)第034596号

书　　名　蛋糕技法

编　　著　孙　杰

出版发行　浙江科学技术出版社
　　　　　杭州市体育场路347号　邮政编码：310006
　　　　　办公室电话：0571-85176593
　　　　　销售部电话：0571-85062597　0571-85058048
　　　　　E-mail:zkpress@zkpress.com

排　　版　广东炎焯文化发展有限公司
印　　刷　杭州锦绣彩印有限公司
经　　销　全国各地新华书店

开　　本　889×1194　1/16　　　印　张　15
字　　数　180 000
版　　次　2017年7月第1版　　　印　次　2017年7月第1次印刷
书　　号　ISBN 978-7-5341-7481-0　　定　价　68.00元

责任编辑　王巧玲　仝　林　　　　**责任美编**　金　晖
责任校对　顾旻波　陈宇珊　　　　**责任印务**　田　文